U0598557

装备科技译著出版基金

二元决策图及其扩展形式在系统可靠性分析中的应用

Binary Decision Diagrams and Extensions for System Reliability Analysis

［美］Liudong Xing, Suprasad V. Amari　著

李宝柱　刘　广　等译

宋太亮　审校

国防工业出版社

·北京·

著作权合同登记　图字: 军 –2017 –016 号

图书在版编目（CIP）数据

二元决策图及其扩展形式在系统可靠性分析中的应用/（美）邢留冬,
（美）萨伯拉赛德·V. 阿玛里（Suprasad V. Amari）著; 李宝柱等译.
-- 北京 : 国防工业出版社, 2017. 12
书名原文: Binary Decision Diagrams and Extensions for
System Reliability Analysis
ISBN 978-7-118-11443-0

Ⅰ.①二… Ⅱ.①邢… ②萨… ③李… Ⅲ.①系统可靠性－系统分析
Ⅳ.①N945.17

中国版本图书馆CIP数据核字（2017）第 302547 号

《二元决策图及其扩展形式在系统可靠性分析中的应用》编译委员会

主　　任 李宝柱

副 主 任 刘 广

编译组成员 朱梦妮　闫　旭　周　正　姜广文　高　龙

译　者　序

可靠性是武器系统的一项重要性能指标,是保证武器系统随时执行任务、充分发挥作战效能和保障效能的重要因素。随着大量高新技术特别是信息技术在武器系统中广泛应用,系统的复杂程度不断提高,加之武器系统的作战方式、作战环境等因素多变,作战使用强度不断提高,造成武器系统故障高发多发,满足可靠性要求难度进一步加大。

20 世纪六七十年代,产品可靠性概念就开始逐步引入我国。我国开展了大量可靠性理论与技术研究,编制了国家军用标准,并在武器系统型号中得到了应用,取得了一定的成效。但是,从部队实际演习、试验、训练、使用与保障情况看,可靠性不高的问题仍是制约我国武器系统快速发展的瓶颈问题。某些武器系统的战术技术性能指标与国外相比差距并不大,但可靠性水平与国外发达国家相比还有一定的差距,某些武器系统差距还比较大。

当前,国防和军队领域提出了"能打胜仗"的高标准要求,对武器系统的可靠性提出了新的更高要求。与此同时,武器系统的作战使用环境更加严酷恶劣,加之复杂程度进一步提高,如何保证复杂系统的可靠性,长期困扰着设计研发人员。

按照传统的可靠性定义、理论和方法,过去更多关注可靠性的数学问题,大多采用概率和统计方法研究可靠性问题,由于数据比较缺乏,造成人们对可靠性有些神秘感,这实际上也影响了可靠性技术的普及。事实上,可靠性主要是设计出来和制造出来的,产品的可靠性与其结构、材料、工艺等因素关系密切。但是,传统可靠性分析设计,考虑的影响因素相对比较单一,未充分考虑复杂、严酷环境对可靠性水平的影响。实际上,复杂系统在其整个任务期间或寿命期内有不同的任务阶段,经历复杂的环境,承受严酷的应力和载荷强度,武器系统、子系统、设备及其组成部分的使用强度、运行状态、故障模式等多变。这种复杂情况进一步加大了复杂系统执行多阶段多任务可靠性分析与评估的难度。

为了解决复杂系统的可靠性分析与评估问题,国外开展了二元决策图(BDD)分析技术研究。从 1993 年起,BDD 及其扩展形式被用于复杂系统的可靠性分析与评估。这些研究成果首先被用于二态单阶段系统可靠性分析,这类系统及其元件仅表现出两种状态:运行或故障,并且其行为在整个任务中保持不变。许多研究表明,大多数情况下基于 BDD 的方法比其他可靠性分析方法占用内存更小、计算时间更短。随后,各种形式的决策图广泛用于多种复杂系统的高效可靠性分析中,包括多阶段任务系统、多状态系统、不完全故障覆盖的容错系统、共因失效系统,以及功能相关的系统。这类系统大量存在于以安全或任务为核心的应用领域中,例如,航空航天、电路、电力系统、医疗系统、电信系统、传输系统、交通系统、数据存储系统等。

本书的作者 Liudong Xing（邢留冬）教授和 Suprasad V. Amari 教授，是国际上较早研究利用 BDD 及其扩展形式解决复杂可靠性问题的学者。特别是 Liudong Xing（邢留冬）教授，长期从事复杂系统可靠性分析技术研究，曾经合作出版过这一主题的学术专著，在许多国际可靠性和系统安全会议上开展了一些关于 BDD 及其扩展形式主题的教学讲座，发表了这一主题的大量研究文章和学术论文，培养多名博士、硕士研究生，在国际上有较高的知名度。

希望本书的引进、翻译和出版能对提高我国武器系统可靠性水平起到积极的促进作用，也希望广大的设计研发人员、试验人员加强 BDD 及其扩展形式理论研究和应用实践，加强学术交流，不断提高我国武器系统可靠性理论和研究水平。

中国船舶工业系统工程研究院积极吸收借鉴国外先进可靠性分析设计技术，翻译团队能够正确理解原书英文核心要义，专业水平高、翻译质量高，希望本书中文版的出版发行能够加强可靠性技术应用，为我国设计开发出更多高可靠性水平的军用舰船，为军队装备质量建设做出更大的贡献。

2017 年 8 月

原 书 序

科技发展的日新月异使得现代工程系统比以往任何时候都更加强大和复杂。特别是近十年来,出现了许多颠覆性的技术创新,如分布式和云计算、无线传感器网络、物联网、大数据分析、自动驾驶车辆和空间探索等,这些创新将互联网和移动计算技术推动到了超乎想象的高度。工程系统复杂程度和自动化程度的不断提升,不仅增大了这些系统的复杂性,而且增大了系统各元件之间的相关性,因此,对这些系统进行可靠性分析变得更加困难。同时,精准的可靠性建模和分析对于验证系统是否达到预期的可靠性和可用性要求,以及确定能够最大化系统可靠性和/或性能的最优成本效益设计策略来说至关重要。

系统的可靠性取决于其元件的可靠性和包括其元件的组装在内的系统设计构造。通常,系统及其元件都具有多种故障模式和性能水平,并且它们可以在其整个任务或寿命期间的不同阶段在不同环境、压力和需求水平下运行。因此,元件故障行为和系统配置可能随阶段的变化而变化。在大多数应用中,系统及其元件之间的关系可以用组合模型表示,模型中系统状态可以用其元件状态的逻辑函数表示。这个将元件状态集合映射到系统状态的函数称为系统结构函数,其形式取决于系统结构。确定了系统结构和系统元件的可靠性后,就可以确定系统可靠性,传统方法是使用基于容斥原理、路集/割集或不交乘积和描述结构函数。但是这些传统的可靠性评估方法运算效率低,并且仅限于解决小型模型或问题。在处理大型模型时,虽然可采用定界法和近似法,然而几十年来,合适的边界和近似的寻找仍然被认为是个充满挑战的问题。这种情况在 1986 年 Bryant 进行了二元决策图(BDD)方面的开创性工作后发生了变化。

基于香农(Shannon)分解原理的 BDD 是一种先进的数据结构,用于编制和操作布尔函数。Bryant 在 1986 年开发了基于 BDD 数据结构的高效算法。自此,BDD 及其扩展形式被广泛应用于包括电路验证和符号模型检测在内的多个领域。BDD 在这些领域的成功以及布尔函数在系统可靠性分析中的重要应用,激发了大批学者对 BDD 的研究热情,从 1993 年起,BDD 及其扩展形式被用于复杂系统的可靠性分析。这些研究成果首先被用于二态单阶段系统可靠性分析,这类系统及其元件仅表现出两种状态:运行或故障,并且其行为在整个任务中保持不变。许多研究表明,大多数情况下基于 BDD 的方法比其他可靠性分析方法占用内存更小、计算时间更短。随后,各种形式的决策图广泛用于多种复杂系统的高效可靠性分析中,例如,多阶段任务系统、多状态系统、不完全故障覆盖的容错系统、共因失效系统,以及功能相关系统。这些类型的系统大量存在于以安全或任务为核心的应用领域中,例如,航空航天、电路、电力系统、医疗系统、电信系统、传输系统、交通系统、数据存储系统等。

本书描述的主题在可靠性和安全性领域受到了极大的关注。几个商业可靠性软件供应商和研究小组已经开始实现这些方法。在许多国际可靠性和系统安全会议上发布了一些关于此主题的教学讲座。这一主题的重要性也在最新的有关故障树分析、安全性和可靠性分析以及可信性分析的手册中提到过。关于这一主题的研究文章也不断出版在同行评议的学术期刊和会议论文中。随着这一主题热度的不断升温，正是推出研究此内容的首部著作的最好时机。

本书旨在提供一个 BDD 及其扩展形式在解决复杂可靠性问题时所需的各种技术。在绪论中，简要介绍了 BDD 及其扩展形式的发展历史，并讨论了它们是如何与可靠性和安全性应用相关联的。第 2 章介绍了一些与可靠性研究相关的基本概率理论、各种可靠性度量和故障树分析。第 3 章讨论了 BDD 的基本原理，包括基本概念、BDD 构建、BDD 评估和现有的软件包，还讨论了不同的变量排序策略及其对 BDD 大小的影响。第 4 章讨论了基于 BDD 的二态可靠性模型和分析，重点是网络可靠性分析、事件树分析、故障频率分析、重要度量和分析，同时还介绍了用于模块化、非相干系统和有不相交或相关故障行为的系统的分析方法。

第 5 章介绍了 BDD 在多阶段任务系统（PMS）可靠性分析中的应用，系统中多个非重叠的阶段必须按顺序完成。在每个阶段期间，PMS 必须完成指定的任务，并且可能面对不同的压力、环境条件以及可靠性需求。因此，系统结构功能和元件故障行为可能随阶段变化而变化。这种动态特性使得在可靠性分析中通常需要在任务的不同阶段使用不同的模型。而给定元件在各阶段的统计相关性进一步增加了可靠性分析的难度，例如，在不可修复的 PMS 中，一个元件在新阶段开始时的状态与其在上一阶段结束时相同。本章讲解了一种基于阶段代数的 BDD 可靠性分析方法，以考虑 PMS 中的动态性和元件的跨阶段相关性。

作为决策图在系统可靠性分析中的另一个应用，第 6 章阐述了多状态系统（MSS）以及采用决策图方法对其进行的可靠性分析。MSS 及其元件可以呈现多种性能水平（或状态），变化范围从完美运行到完全失效。与二态系统相比，对 MSS 进行可靠性分析的特有挑战在于系统中同一元件的不同状态之间的相关性，即元件内状态的相关性。本章介绍了用于解决 MSS 可靠性分析中状态相关性问题的三种不同形式的决策图方法，即多状态 BDD（MBDD）、对数编码 BDD（LBDD）和多状态多值决策图（MMDD），并对这三种方法的性能进行了讨论和比较。

第 7 章介绍了不完全故障覆盖模型和容错系统的基本概念和类型。讨论了基于决策图的方法，用于研究二态系统、多状态系统和多阶段任务系统的可靠性分析中的不完全故障覆盖。

第 8 章讨论了共享决策图及其在存储需求、模型构建和模型评估中的优势，以及多根决策图和多终端决策图。介绍了这些模型在解决多状态系统、分阶段任务系统和具有不同元件的 k-out-of-n 多状态系统可靠性问题中的应用。本章还介绍了用于评估多状态元件重要度和多状态系统故障频率的方法。

第 9 章对 BDD 及其扩展形式在系统可靠性分析中的应用进行了总结。

本书有以下显著特点：

- 是第一部关于采用 BDD 及其扩展方法进行可靠性分析的专著。
- 提供了利用 BDD 及其扩展形式进行不同类型系统可靠性分析的基本概念和算法。
- 为多阶段任务系统、多状态系统和不完全故障覆盖系统提供了全面的分析方法。
- 涵盖了几个系统性能度量，包括系统可靠性、故障频率和元件重要度。
- 包括小型的说明性示例和大型的基准示例，以描述基于不同决策图的复杂系统可靠性分析方法的先进性以及应用的广泛性。
- 涵盖了二元决策图及其扩展形式用于系统可靠性分析的最新进展，为研究者进行新的和深入的探索奠定了坚实的理论基础。
- 包含了超过 250 篇的参考文献，为读者提供了丰富实用的资源，便于对相关主题进行更深入的学习研究。

本书提供了几个用于系统可靠性和性能评估的变量排序方案、变量编码方案和 BDD 扩展方法。基于本书中对存储需求、模型构建和模型评估的比较分析，用户可以自行选定能够解决自己具体问题的最有效的决策图和算法类型。

本书的目标读者是可靠性和安全性工程师或研究人员。本书可作为系统可靠性分析的教科书，还可作为决策图、多状态系统、多阶段任务系统和不完全故障覆盖模型的教程和参考书。本书还可以涵盖关于数据结构和算法的一些研究生层次课程。

我们要向可信性工程系列丛书的编辑克里希纳·B·米斯拉教授和约翰·D·安德鲁斯教授表示真诚的感谢，他们给了我们将这本书纳入系列丛书的机会。我们还要感谢许多研究人员，他们提出了本书的一些基础的概念和方法，或者与我们一起讨论本书的一些主题，提供了许多见解。例如：来自弗吉尼亚大学的乔安妮·B·杜根教授、杜克大学的基索尔·S·特里维迪教授、以色列电力公司的格雷戈里·列维京博士、美国 ARCON 公司的艾克雷什·什雷斯塔博士、中国浙江师范大学的莫毓昌教授、法国中央理工–高等电力学院的安东尼·罗兹教授、中国台湾大学的郭斯彦教授和美国诺斯洛普·格鲁门公司的艾伯特·迈尔斯博士。还有许多没有提到的研究者，我们尽量在本书的参考文献中体现他们的贡献。

最后，我们非常荣幸与斯克里夫纳出版有限责任公司总裁马丁·D·斯克里夫纳和他的团队合作出版本书，十分感谢他们的帮助和支持。

Liudong Xing

Suprasad V. Amari

2015 年 5 月 3 日

IX

《二元决策图及其扩展形式在系统可靠性分析中的应用》

斯克里夫纳出版社

卡明斯中心,541j 房间

马萨诸塞州,贝弗利 01915-6106

可信性工程系列丛书

系列丛书编辑:克里希纳·B·米斯拉(kbmisra@ gmail.com)和

约翰·安德鲁斯(John.Andrews@ nottingham.ac.uk)

范围:产品、系统或服务的真实性能必须通过其全寿命周期内的活动来判断,这些活动涉及设计、制造、使用和处置等各环节,并与对经济而言的可靠性最大化、对环境影响最小化相关。可信性的概念允许我们对性能进行全面评估,并给出一个聚合属性,这个属性反映了产品、系统或服务设计人员在实现可靠性和可持续性方面的整体设计。可信性不应仅仅是产品、系统或服务的质量、可靠性、可维护性和安全性的实现指标,还应包括可持续性的实现。传统的可靠性观点没有考虑到伴随着产品、系统和服务发展的环境影响。可是任何创造产品、系统或服务的工业活动在每个发展阶段都会受到一定的环境影响。在 21 世纪,随着世界资源不断紧缺,材料和能源的成本不断上升,对环境因素的考虑变得越来越必要。不难设想,通过采用最小能耗和最少浪费的策略,同时最大化产量以及经济成本和生产安全(清洁生产和清洁技术),我们可以将在生产以及达到寿命后的处置过程中对环境产生的不利影响降到最低,这是可信性工程的根本目标。

可以看出,上述提及的可信性属性是相互关联的,在进行性能优化时应整体考虑。系列丛书中的每本都应尽可能包含这种网络式关系中的大多数属性,并致力于帮助创造出最优和可持续的产品、系统和服务。

斯克里夫纳公司出版

马丁·斯克里夫纳(martin@ scrivenerpublishing.com)

菲利普·卡迈克尔(pcarmical@ scrivenerpublishing.com)

目　　录

第1章 绪 论

本章叙述了二元决策图(Binary Decision Diagram，BDD)及其扩展形式的发展历程，并讨论了它们在可靠性和安全性方面的应用。

1.1 发 展 历 史

基于香农(Shannon)分解理论[1]，Lee 于 1959 年首次提出 BDD，并用此表示开关电路[2]。在 20 世纪 70 年代，BDD 的研究得到进一步发展，并通过 Boute[3] 和 Akers[4] 的撰文介绍而为人所知。1986 年，Bryant 在生成 BDD 的决策变量排序处理中添加了约束条件，以此研究了用基于 BDD 的高效算法表示和运算布尔函数的全部潜力[5]。此后，BDD 及其扩展形式多值决策图(Multi-valued Decision Diagram，MDD)[6,7] 已经在众多领域得到成功应用，例如，电路验证[8]、紧凑马尔可夫链模型[9-11]、Petri 网可达集的生成和存储[12,13]、大型元组集的有效处理[14] 和符号模型检验[15-17] 等。

BDD 和多值决策图在上述领域的成功，以及布尔和多值函数在系统可靠性分析中的重要应用，激励着人们不断尝试将其应用于各种类型系统的可靠性分析。这些尝试始于 1993 年，当时首次将这些方法扩展到单阶段二态系统的可靠性分析，即系统及其元组件有且只有两个状态(运行和失效)且参与单阶段任务[18,19]，由于单阶段系统不改变其任务或工作条件，其元件的故障行为在整个任务中保持不变。许多研究表明，在大多数情况下，与其他传统的可靠性分析方法(如基于割集或路集的容斥或不交和方法以及基于马尔可夫的方法)相比，基于 BDD 的方法需要的内存和计算时间更少[20-25]。

1999 年，Zang 等人将 BDD 数据结构应用于二态多阶段系统，也称为多阶段任务系统(PMS)的可靠性分析，其任务的特征为具有多个、连续和非重叠的操作阶段[26]。在每个阶段，系统必须完成特定的任务，系统还会受到不同的工作条件和压力水平的影响，因此不同阶段系统配置和元件的故障行为也通常会发生变化[27,28]。这种系统动态行为以及跨不同阶段部件状态的统计相关性，在基于 BDD 的多阶段任务系统可靠性分析中可通过阶段代数来解决。近年来，多值决策图数据结构也应用于二态多阶段任务系统的可靠性分析[29]。实证研究表明，基于多值决策图的多阶段任务系统分析方法和基于 BDD 的方法相比，计算复杂性更低，模型构建和评估算法更简单。

在首次尝试将 BDD 应用于具有两个以上状态系统的可靠性分析时，BDD 模型与多状态概念相结合，可以分析具有不完全故障覆盖行为的系统的可靠性，在这种系统中元件的未覆盖故障可能导致整个系统的严重损害甚至失效[30-32]。在这种基于多状态二元决策图(MBDD)方法中,元件的每个状态对应一个布尔变量,用于表示系统元件是否处于某特定的状态,因此需要 r 个布尔变量对具有 r 个状态的多状态元件进行建模,并利用这些表示元件状态的布尔变量生成系统的 BDD 模型。由于表示相同元件不同状态的变量之间存在统计相关性,在 MBDD 生成和评估时,需要特殊操作对这些相关性进行处理。2003 年,类似的想法被应用于一般的多状态系统(MSS)分析中,这种系统及其元件可以呈现多于两个的性能水平(或状态),变化范围从完美运行到完全失效[33]。基于 MBDD 的多状态系统分析方法存在的主要问题是必须处理许多布尔变量,并且必须考虑表示相同元件不同状态的变量之间的相关性。

为了解决基于 MBDD 方法存在的问题,Shrestha 和 Xing 在 2008 年提出了基于对数编码二元决策图(LBDD)的多状态系统分析方法[34]。与基于 MBDD 方法类似,LBDD 方法也基于二值逻辑。但是基于 LBDD 的方法把对 r 个状态的多状态元件进行建模的布尔变量数从 r 个缩减至 $\log_2 r$ 个。基于 LBDD 的生成算法与用于二态系统的传统 BDD 生成算法相同。但在 LBDD 模型评估过程中,需要一些简单的运算将辅助布尔变量解码为相应的元件状态。

针对 MBDD 和 LBDD 方法中所存在的问题,Xing 等人提出了基于多状态多值决策图(MMDD)的多状态系统分析方法[35-37]。与使用二值逻辑并需要多个布尔变量对多状态元件进行建模的基于 MBDD 和 LBDD 方法不同,基于 MMDD 的方法采用多值逻辑,并且仅需一个多值变量即可完成每个多状态元件的建模。MMDD 的生成和评估方法都很简单,直接将传统 BDD 的相关方法扩展即得。

在基于 MBDD、LBDD 和 MMDD 等方法中,必须为多状态系统的每个系统状态生成单独的模型。由于多状态系统不同状态的模型可以共享相同的子图,因此可通过生成可以表达所有系统状态的一个共享模型来增强这些决策图算法的效率。文献[38]提出了两种类型的共享图结构:多根决策图和多终端决策图。多根决策图有且只有两个汇聚节点,但是有多个根节点,每个根节点对应多状态系统中一个不同的系统状态。多终端决策图只有单个根节点,但是具有多个汇聚节点分别代表不同的系统状态。

文献[39]中的性能比较研究表明,多终端多值决策图在大多数情况下优于其他类型的基于决策图的多状态系统分析方法。最近的研究工作已经将这种先进有效的组合模型应用并扩展到其他复杂系统的可靠性分析中,例如,基于需求的不完全故障覆盖多阶段任务系统[40]、多失效模式多阶段任务系统[41]和不完全故障覆盖温储备系统[42]等。

1.2　可靠性和安全性应用

可靠性是反映许多现代技术系统能否安全运行的一种基本属性,同时具有定性和定量的含义[43,44]。基于 ISO 8402 标准,可靠性定义为"在给定的环境和操作条件下及规定的时间段内,项目执行所需功能的能力"。基于 MIL-STD-882D 标准,安全性定义为"避免那些会导致死亡、受伤、职业病以及设备损坏或财产损失的状况的能力"[45]。换句话说,安全性涉及系统正确地执行其功能或以安全方式(不对其他系统或人造成伤害的方式)中止运行的概率。可靠性分析的目的是量化系统发生故障的概率;安全性分析的目的是量化系统以某种不安全方式发生故障的概率。可靠性包含三个主要部分,即硬件可靠性、软件可靠性和人的可靠性,本书重点研究第一部分。

1957 年,电子设备可靠性咨询小组(AGREE)在报告中宣布将可靠性工程作为一个科学学科[46]。此后,各国学者投入了大量的精力致力于可靠性问题的研究,并且已经研究出用于量化技术系统可靠性的多种模型和方法(例如,故障树、事件树、可靠性框图、最小割集、最小路径集、马尔可夫过程和蒙特卡罗仿真等)。在这些研究工作中,将二元决策图数据结构应用于系统可靠性分析的工作始于1993 年[18,19],并自此得到了大量研究的支持。从对采用故障树方法建模的二态系统的可靠性分析开始,BDD 及其扩展形式已广泛应用于各种类型系统的可靠性分析,包括但不限于二态系统[20]、多状态系统[33-39]、多阶段任务系统[26-29]、不完全故障覆盖系统[28,32,40,41,47-49]、共因失效系统[50,51]、备用系统[42,52,53]、分布式计算系统[31]和计算机网络[21,25]等,上述系统在航空航天、飞行控制、核电站、电信系统和数据存储系统等以安全为核心的领域中广泛存在。

第 2 章　基本可靠性理论和模型

本章介绍了与可靠性研究相关的基本概率理论、多种可靠性度量和故障树分析方法。

2.1　基本概率理论

概率论中的一个基本概念是随机试验,其特点为已知试验所有的可能结果,但无法预知具体某一次试验的结果[54]。试验中所有可能结果的集合构成样本空间,通常用 Ω 表示,每个单独结果称为样本点。随机试验的典型例子是投掷六面骰子,在投掷之前无法预知是哪个面朝上(不同面有不同的点数),但一定是样本空间 $\Omega=\{1,2,3,4,5,6\}$ 中的 6 个可能结果之一。

样本空间可以是有限的,如上面掷骰子的例子;也可以是无限的,例如,测量计算机部件失效时间的随机试验,其样本空间 $\Omega=\{t\mid t\geqslant0\}$ 就是无限的。

样本空间也可以分为离散的和连续的。如果样本空间的样本点可以与正整数一一对应,则样本空间是离散的,如上面掷骰子的例子。如果其样本点包含了实数轴上某个区间内的所有数字,则样本空间是连续的,如上面测量计算机部件失效时间的例子。

样本空间的子集称为事件。如果进行随机试验并且观测结果在定义了事件的子集中,则事件发生。样本空间本身也是一个集合,是一个特殊事件,称为必然事件,其发生概率为1;空集 $\varnothing$ 也是一个特殊事件,称为不可能事件,其发生概率为 0。

由于事件是集合,所以集合论中的常见运算都可以用于新事件的形成,表 2.1 列出了对事件 A 和 B 的一些常见运算。特别地,如果两个事件没有公共样本点,即 $A\cap B=\varnothing$,则 A 和 B 称为互斥或互不相容事件;如果 $P(A\cap B)=P(A)*P(B)$,则 A 和 B 称为是独立的,意思是两个事件的发生之间互不影响。

表 2.1　事件运算

运算	事件描述	集合定义
$\overline{A}$	A 没有发生	由所有在 Ω 而不在 A 中的样本点组成
$A\cap B$	A 和 B 同时发生	由所有 A 和 B 中共同包含的样本点组成
$A\cup B$	A 和 B 至少有一个发生	由所有包含在 A 或 B 中的样本点组成
$A\subset B$	如果 A 发生那么 B 也发生	A 中的每个样本点都包含在 B 中
$A-B$	A 发生而 B 没有发生	由所有在 A 中而不在 B 中的样本点组成

2.1.1　概率公理

令 E 为我们所研究的随机事件,如果定义一个实数 $P(E)$ 并且其满足以下三个公理[54],则称 $P(E)$ 为事件 E 的概率。

A1:$0 \leq P(E) \leq 1$;

A2:$P(\Omega) = 1$,表示试验结果是样本空间 Ω 中点的概率为1;

A3:对于任意两两互斥的事件序列 $E_1, E_2, \cdots$(其中对任意 $i \neq j, E_i \cap E_j = \varnothing$),序列中至少有一个事件发生的概率是每个事件单独发生概率的总和,即
$$P(\cup_{i=1}^{\infty} E_i) = \sum_{i=1}^{\infty} P(E_i)\ 。$$

令 A 和 B 为两个事件,则 $P(A \mid B)$ 表示在 B 发生的前提下 A 发生的条件概率,是一个满足 $0 \leq P(A \mid B) \leq 1$ 和 $P(A \cap B) = P(B)P(A \mid B)$ 的数。一个更常用的公式为

$$P(A \mid B) = \frac{P(A \cap B)}{P(B)}, \quad P(B) \neq 0 \tag{2.1}$$

2.1.2　全概率法

考虑一系列事件 $\{B_i\}_{i=1}^{n}$,如果满足以下三个条件,则可称其为 Ω 的一个划分:

(1) 对任意 $i \neq j$,都有 $B_i \cap B_j = \varnothing$;

(2) $P(B_i) > 0, i = 1, 2, \cdots, n$;

(3) $\cup_{i=1}^{n} B_i = \Omega$。

基于划分 $\{B_i\}_{i=1}^{n}$,对于任意定义在同一样本空间中的事件 A,有

$$P(A) = \sum_{i=1}^{n} P(A \mid B_i)P(B_i) \tag{2.2}$$

作为全概率法的一个特例,对于任意事件 A 和 B,有

$$P(A) = P(A \mid B)P(B) + P(A \mid \overline{B})P(\overline{B}) \tag{2.3}$$

基于全概率法的贝叶斯定理为

$$P(B_i \mid A) = \frac{P(A \mid B_i)P(B_i)}{P(A)} = \frac{P(A \mid B_i)P(B_i)}{\sum\limits_{j=1}^{n} P(A \mid B_j)P(B_j)} \tag{2.4}$$

2.1.3　随机变量

随机变量(random variable,r.v.)X 是一个从样本空间 Ω 到实数集 R 的实值函数,即 $X:\Omega \rightarrow R$。也就是说,r.v. X 将 Ω 中的每个样本点 ω 映射为一个实数 $X(\omega) \in R$。

例 2.1　考虑一个掷三次公平硬币的随机试验。样本空间为 $\Omega = \{TTT; TTH; THT; THH; HTT; HTH; HHT; HHH\}$,其中 T 代表背面朝上,H 代表正面朝上。令 X 为三次投掷中背面朝上的次数,则 X 将 Ω 中的每一个结果映射为一个实数,例如,

$X(\mathrm{TTT})=3, X(\mathrm{THT})=2, X(\mathrm{THH})=1$ 以及 $X(\mathrm{HHH})=0$。

对于每个 r.v. X,可以为每个实数 x 定义如下的累积分布函数(cumulative distribution function,cdf),或者简称为分布函数:

$$F_X(x)=P\{\omega:\omega\in\Omega\ \mathrm{AND}\ X(\omega)\leqslant x\}$$
$$=P\{X\leqslant x\} \tag{2.5}$$

cdf 具有如下特性:

(1)F 是一个非递减函数,即若 $x<y$ 则 $F(x)\leqslant F(y)$;

(2)对所有的 $x<y$,都有 $P\{x<X\leqslant y\}=F(y)-F(x)$;

(3)$\lim_{x\to+\infty}F(x)=1,\lim_{x\to-\infty}F(x)=0$。

随机变量包括离散型或连续型两种类型。离散型 r.v. 是一种可能的取值为数量可数的随机变量。离散型 r.v.X 的象集是实数集的有限或可数无穷子集,用 $T=\{x_1,x_2,\cdots\}$ 表示。例 2.1 中定义的随机变量就是一个离散型 r.v.。

除了 cdf,离散型 r.v.X 也可以由另一个被称为概率质量函数(probability mass function,pmf)的函数描述,其定义为

$$p_X(x)=P\{X=x\}$$
$$=P\{\omega:\omega\in\Omega\ |\ X(\omega)=x\} \tag{2.6}$$

换句话说,$p_X(x)$ 是 r.v.X 的取值为 x 的概率。如果 x 是 X 取不到的值,则 $p_X(x)=0$。pmf 具有以下特性:

(1)$0\leqslant p_X(x)\leqslant 1$;

(2)$\sum_{x_i\in T}p_X(x_i)=1$。

连续型 r.v. 是指取值为一系列数量不可数的实数值的随机变量。例如,部件的失效时间就是一个连续型随机变量。一般来说,一个特定事件的发生时间都是连续型随机变量。

除了 cdf,连续型 r.v.X 也可以由另一个被称为概率密度函数(probability density function,pdf)的函数来描述,其定义为

$$f_X(x)=F'_X(x)=\frac{\mathrm{d}F_X(x)}{\mathrm{d}x} \tag{2.7}$$

pdf 具有以下特性:

(1)对所有取值为实数的 x,有 $f_X(x)\geqslant 0$;

(2)$f_X(x)$ 是可积的,并且对所有实数 $a<b$,都有 $\int_a^b f_X(x)\mathrm{d}x=P\{a\leqslant X\leqslant b\}=F_X(b)-F_X(a)$;

(3)对任意实数 a,都有 $F_X(a)=P(X\leqslant a)=\int_{-\infty}^a f_X(x)\mathrm{d}x$;

(4)$F_X(\infty)=\int_{-\infty}^{\infty}f_X(x)\mathrm{d}x=1$。

2.1.4　随机变量的参数

在本节中定义了随机变量的均值、k 阶矩、方差和标准偏差。

随机变量的均值或期望值代表了变量的长期平均值或经过多次观测得到的预期平均结果。

若 X 是由 pmf $p_X(x)$ 描述的离散型 r.v.,其均值 $\mu = E[X]$ 定义为

$$\mu = E[X] = \sum_{x_i \in T} (x_i p_X(x_i)) \tag{2.8}$$

若 X 是由 pdf $f_X(x)$ 描述的连续型 r.v.,其均值定义为

$$\mu = E[X] = \int_{-\infty}^{\infty} x f_X(x)\, \mathrm{d}x \tag{2.9}$$

对于任意实值函数 $g(X)$,根据无意识统计规律(Law of the Unconscious Statistician)[54],有

$$E[g(X)] = \begin{cases} \sum_{x_i \in T} (g(x_i) p_X(x_i)), & X \text{ 是离散的} \\ \int_{-\infty}^{\infty} g(x) f_X(x)\, \mathrm{d}x, & X \text{ 是连续的} \end{cases} \tag{2.10}$$

若 $g(X) = X^k (k = 1, 2, 3, \cdots)$,$X$ 的 k 阶矩可定义为

$$E[X^k] = \begin{cases} \sum_{x_i \in T} (x_i^{\,k} p_X(x_i)), & X \text{ 是离散的} \\ \int_{-\infty}^{\infty} x^k f_X(x)\, \mathrm{d}x, & X \text{ 是连续的} \end{cases} \tag{2.11}$$

随机变量的方差是变量统计离差的度量,表示变量值偏离平均值的程度。对于均值为 μ 的 r.v.X,其方差 $\mathrm{var}(X) = \sigma^2$ 定义为

$$\mathrm{var}(X) = \sigma^2 = E[(X - \mu)^2] \tag{2.12}$$

根据式(2.10),方差的计算方法为

$$\mathrm{var}[X] = E[(X - \mu)^2]$$
$$= \begin{cases} \sum_{x_i \in T} [(x_i - \mu)^2 p_X(x_i)], & X \text{ 是离散的} \\ \int_{-\infty}^{\infty} (x - \mu)^2 f_X(x)\, \mathrm{d}x, & X \text{ 是连续的} \end{cases} \tag{2.13}$$

计算方差的一个替代公式为

$$\mathrm{var}[X] = E[(X - \mu)^2] = E[X^2 - 2\mu X - \mu^2]$$
$$= E[X^2] - 2\mu E[X] + E[\mu^2]$$
$$= E[X^2] - 2\mu^2 + \mu^2 = E[X^2] - \mu^2 \tag{2.14}$$

随机变量 σ 的标准差是其方差的平方根。

2.1.5 寿命分布

可靠性工程中采用了许多不同类型的分布函数。离散型分布包括二项式分布、几何分布和泊松分布等[54,55];连续型分布包括指数分布、威布尔分布、伽玛分布、正态分布、对数正态分布等[45,55]。本节介绍了可靠性工程中使用最广泛的两种连续型分布:指数分布和威布尔分布。

如果一个连续型 r.v.X 的 pdf 具有如下形式,则称 X 服从以 λ 为参数的指数分布:

$$f_X(x) = \begin{cases} \lambda e^{-\lambda x}, & x \geq 0 \\ 0, & x < 0 \end{cases} \qquad (2.15)$$

其 cdf 表达式为

$$F_X(x) = \int_{-\infty}^{x} f_X(x)\,\mathrm{d}x = \begin{cases} 1 - e^{-\lambda x}, & x \geq 0 \\ 0, & x < 0 \end{cases} \qquad (2.16)$$

根据式(2.9)、式(2.11)和式(2.13),服从指数分布的 r.v.X 的均值、k 阶矩和方差分别为

$$\begin{cases} E[X] = 1/\lambda \\ E[X^k] = k!\ /\lambda^k \\ \mathrm{var}[X] = 1/\lambda^2 \end{cases} \qquad (2.17)$$

指数分布具有无记忆性,由以下关系式定义:

$$P\{X > t + h \mid X > t\} = P\{X > h\} \qquad \forall t, h > 0 \qquad (2.18)$$

如果一个连续型 r.v.X 的 pdf 具有如下形式,则称 X 服从以 λ 和 α 为参数的威布尔分布:

$$f_X(x) = \begin{cases} \alpha \lambda^\alpha x^{\alpha-1} e^{-(\lambda x)^\alpha}, & x > 0 \\ 0, & x \leq 0 \end{cases} \qquad (2.19)$$

其对应的 cdf 表达式为

$$F_X(x) = \int_{-\infty}^{x} f_X(x)\,\mathrm{d}x = \begin{cases} 1 - e^{-(\lambda x)^\alpha}, & x > 0 \\ 0, & x \leq 0 \end{cases} \qquad (2.20)$$

参数 λ 和 α 分别称为尺度参数和形状参数。当 $\alpha = 1$ 时,威布尔分布等价于指数分布。根据式(2.9)、式(2.11)和式(2.13),服从威布尔分布的 r.v.X 的均值和方差分别为

$$\begin{cases} E[X] = \dfrac{\Gamma\left(\dfrac{1}{\alpha} + 1\right)}{\lambda} \\ \mathrm{var}[X] = \dfrac{\left(\Gamma\left(\dfrac{2}{\alpha} + 1\right) - \Gamma^2\left(\dfrac{1}{\alpha} + 1\right)\right)}{\lambda^2} \end{cases} \qquad (2.21)$$

式中，$\Gamma(\ )$表示伽玛函数，其定义为

$$\Gamma(x) = \int_0^\infty t^{x-1} \mathrm{e}^{-t} \mathrm{d}t \qquad (2.22)$$

2.2　可靠性度量

本节介绍了不可修复部件的几种定量的可靠性度量，包括失效函数$F(t)$、可靠性函数$R(t)$、失效率函数$h(t)$、平均失效时间（Mean Time to Failure，MTTF）和平均剩余寿命（Mean Residual Life，MRL），这些度量的定义都基于一个称为失效时间的连续型随机变量。

2.2.1　失效时间和失效函数

不可修复部件的寿命可以采用称为失效时间（time-to-failure，ttf）的连续型随机变量T来建模。ttf 定义为从部件首次投入运行到其第一次失效所经历的时间。

定义状态变量$X(t)$表示部件在t时刻的状态：如果部件在t时刻正常运行，则$X(t) = 1$；如果单元在t时刻为失效状态，则$X(t) = 0$。状态变量$X(t)$和 ttf T之间的关系如图 2.1 所示。

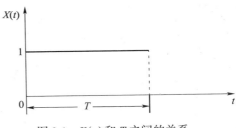

图 2.1　$X(t)$和T之间的关系

部件的失效函数由变量T的 cdf 给出，即

$$F(t) = P\{T \leqslant t\} = \int_0^t f(x)\,\mathrm{d}x \qquad (2.23)$$

式中，$f(x)$为变量T的 pdf；$F(t)$为部件在时间区间$(0,t]$内发生失效的概率。

例 2.2　如果部件的 ttf 服从以λ为参数的指数分布，则根据式（2.16）可得，部件在t时刻的失效函数或失效概率为$F(t) = 1 - \mathrm{e}^{-\lambda t}$。

2.2.2　可靠性函数

当$t > 0$时，部件的可靠性函数定义为

$$R(t) = 1 - F(t) = P\{T > t\} = \int_t^\infty f(x)\,\mathrm{d}x \qquad (2.24)$$

即部件在时间区间$(0,t]$内未失效的概率。图 2.2 显示了在$t = t_0$时部件的可靠性函数$R(t)$和失效函数$F(t)$之间的关系。

可靠性函数$R(t)$也称为生存函数，表示部件在时间区间$(0,t]$内未发生失效且在t时刻仍正常运行的概率。

对于例 2.2 中的部件，其t时刻的可靠性函数为$R(t) = \mathrm{e}^{-\lambda t}$。

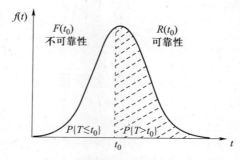

图 2.2 $F(t)$ 和 $R(t)$ 之间的关系失效率函数

2.2.3   失效率函数

失效率函数也称为危险率函数,是对部件失效时瞬时速度的度量,其定义为

$$h(t) = \lim_{\Delta t \to 0} \frac{P\{t < T \le t + \Delta t \mid T > t\}}{\Delta t}$$

$$= \lim_{\Delta t \to 0} \frac{F(t + \Delta t) - F(t)}{R(t)\Delta t}$$

$$= \frac{f(t)}{R(t)} \tag{2.25}$$

对于例 2.2 中的部件,其在 t 时刻的失效率函数为 $h(t) = \lambda$,因此,具有指数 ttf 分布的部件的失效率函数是常数。

在可靠性工程中,部件的失效率函数通常可用浴盆曲线来描述[56,57],体现了产品在其寿命期间的不同失效率状态。如图 2.3 所示,浴盆曲线由三个时段或阶段组成:预烧或使用初期的失效率随时间不断减小;正常使用的寿命周期内失效率较低并且相对恒定;而耗损期的失效率随时间不断增大。在这三个阶段中发生的失效分别称为早期失效、随机失效和耗损失效[57,58]。

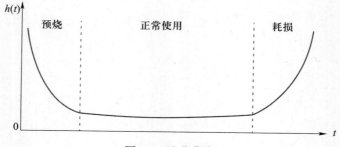

图 2.3   浴盆曲线

具体来说,在部件使用初期失效率通常很高,但会快速降低,因为当部件被激活时,一些之前未发现的缺陷通常会表现出来,有缺陷的零部件就会被直接丢弃。

此外,还可以解决一些安装错误的失效隐患。在部件正常运作到使用初期之后进入使用寿命期,其失效率较低且较恒定,因此其 ttf 可以使用指数分布建模。在部件寿命的最后阶段,失效率由于老化和磨损而快速增大。

2.2.4 平均失效时间

MTTF 是指部件在第一次失效前的期望运行时间,其计算公式为

$$\text{MTTF} = E[T] = \int_0^\infty \text{t}f(t)\,\text{d}t \tag{2.26}$$

需注意 T 为正数。对于可修复部件,如果其平均修复时间(Mean Time to Repair,MTTR)与 MTTF 相比非常短或可忽略,则可用 MTTF 近似部件的平均失效间隔时间(Mean Time Between Failures,MTBF);否则,MTBF 应为 MTTF 和 MTTR 之和。

另一个更常用的 MTTF 计算公式为

$$\text{MTTF} = \int_0^\infty R(t)\,\text{d}t \tag{2.27}$$

这一公式是基于 $f(t)$、$F(t)$ 和 $R(t)$ 之间的关系推导得出的。

对于例 2.2 中的部件,其 $\text{MTTF} = 1/\lambda$,部件正常运行到其 MTTF 的概率为 $R(\text{MTTF}) = \text{e}^{-1} = 0.36788$。

2.2.5 平均剩余寿命

在 t 时刻的 MRL 是假设一个部件在时间区间 $(0, t]$ 内未发生失效情况下的平均剩余寿命,其数学表达式为

$$\text{MLR}(t) = \int_0^\infty R(x \mid t)\,\text{d}x = \int_0^\infty \frac{R(x+t)}{R(t)}\,\text{d}x = \frac{1}{R(t)} \int_t^\infty R(x)\,\text{d}x \tag{2.28}$$

当部件全新未使用时,其 0 时刻的 MRL 和 MTTF 相等,即 $\text{MRL}(0) = \text{MTTF}$。

对于例 2.2 中的部件,由于指数分布的无记忆性,部件的 MRL 与其寿命 t 无关,始终满足 $\text{MRL}(t) = \text{MTTF}$。换句话说,理论上 ttf 服从指数分布的部件只要仍在正常运行,其失效率与新部件没有区别,因此对于这样的部件在其正常运作时无需更换。

2.3　故障树分析

本节介绍了故障树分析(Fault Tree Analysis,FTA)的一些概念和算法。

2.3.1　概述

FTA 技术最早是在 20 世纪 60 年代由 Watson 于贝尔电话实验室开发的,用于辅助分析"民兵"洲际弹道导弹的发射控制系统[59]。目前,FTA 已经成为系统可靠性、安全性和可用性分析最常用的技术方法之一。

FTA 是一种分析技术:首先定义一个不期望的系统事件(通常系统处于某故障状态);然后通过分析系统,找出会导致上述不期望事件发生的所有基本事件的组合[60]。故障树用图形的方式提供了不期望的系统事件和基本部件失效事件之间的逻辑关系。从系统设计的角度来看,FTA 提供了一个逻辑框架,用于了解系统在特定故障模式下失效的方式,这与理解系统如何成功运行一样重要[20]。

2.3.2 故障树结构

FTA 是一种推演技术,其构造方法是从所关注的失效情况开始(通常称为故障树的顶事件),然后将失效事件分解为可能导致其发生的原因,再对每个可能的原因进一步研究和分解,直到搞清楚失效的基本原因(称为基本事件)。故障树是从顶部到底部,按层完成构建的。

谨慎选择非期望的顶事件对于成功构造 FTA 来说十分重要,其定义既不应太具体,也不能太笼统。例如,适合作 FTA 顶事件的有:洗衣机溢水,执行空间探测任务航天器的损失和火灾发生时火灾探测器系统启动继电器无信号[20,45,60]等。

终止故障树分解的常见基本事件包括构成系统的部件失效、人为失误或环境压力。第一类失效的具体例子有泵的启动故障、继电器弹簧的疲劳失效、阀密封件在其额定压力值内发生的泄漏以及流量传感器未能显示出高流量等[61,62]。基本事件是最低分辨率的事件,代表了对故障分析的适当限制,因此无需进一步研究基本事件的故障原因。

除了基本事件之外,未探明事件和房形事件也可以作为故障树分支的终止事件。未探明事件表示由于存在无法获得的信息或其结果无关紧要而未进一步检查的故障事件。房形事件(也称为外部事件)是已知为真或假的事件,设置这样的事件具有打开或关闭故障树中某个分支的效果。房形事件通常用于具有不同设计选项或多种操作模式的系统[62]。

在自顶向下构造故障树期间,通常涉及一些中间事件。中间事件是由于一个或多个通过逻辑门作用的前因而发生的失效事件[60]。

表2.2 列出了上述不同类型的故障树事件的图形符号,表2.3 列出了用于构建传统故障树的常用逻辑门的符号及其含义。更多逻辑门符号在2.3.3 节中介绍说明。

表 2.2　故障树事件符号

事件	基本事件	中间事件	未探明事件	房形事件
符号	○	▭	◇	⌂

表 2.3　故障树常用逻辑门符号

逻辑门	符号	含　义
或门		至少有一个输入事件发生,输出事件就发生
与门		所有输入事件都发生,输出事件才发生
表决门	K/N	N 个输入事件中至少 K 个发生,输出事件才发生
转入		表示故障树向对应的转出部分进一步扩展
转出		表示故障树中此部分应连接对应的转入部分

可以遵循以下步骤来构建一个成功的故障树模型[61]：

(1) 定义所要分析的非期望事件。在对其的描述中应能得到以下问题的答案：

① 所发生非期望事件的类型(如泄漏、溢出、碰撞或火灾)；

② 所发生非期望事件的位置(如在汽车的发动机中)；

③ 所发生非期望事件的时间(如火灾是何时发生的)。

(2) 指定分析的边界条件包括：

① 物理边界:系统由什么构成,即在 FTA 中将包括哪些系统部件；

② 环境边界:在 FTA 中应包括什么类型的外部应力(例如飓风、地震或爆炸)；

③ 分辨率级别:对故障状态的潜在原因应挖掘多深。

(3) 判别和评估非期望顶事件的造成原因。如果判别出中间事件,则需要进一步研究以判别更基本的原因；如果识别到基本事件,则无须进一步研究。

(4) 完善逻辑门。在对某个具体逻辑门的任意输入进行进一步分析之前,应该完整定义其所有输入(完善逻辑门规则)[60]。换句话说,故障树应该按层来构造,并且应在每一层都完整构建好之后再开始对下一层级进行研究。

为了说明上述故障树构建准则如何应用,考虑分析一个洗衣机溢水故障(顶事件)[20]。溢水的可能原因有两个:止流阀卡在打开位置或洗衣机在进水模式时间过长。前一个原因可认为是基本事件,因此不进一步分解;后一个原因可以进一步研究。有两个部件具有使洗衣机停止进水的功能:一个是定时器,设计在洗衣机中以避免因缸体破裂导致的溢流,同时可以防止洗衣机无限地进水;另一个是确定缸体是否充满的传感器。只有当定时器和传感器都失效时,洗衣机才会不停进水。所构造的故障树模型如图2.4所示。

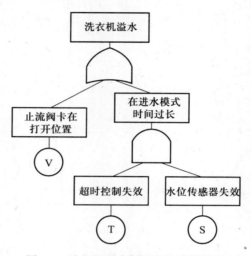

图2.4 洗衣机溢水例子的故障树模型

例如:气体泄漏检测系统和水箱液位控制系统的故障树构造可参见文献[62];冗余多功能数字系统的故障树建模可参见文献[63]。

2.3.3 故障树类型

故障树可以大致分为单调关联(或相干,coherent)和非单调关联(或非相干,non-coherent)形式。根据输入事件之间的相关关系,单调关联故障树可以进一步分类为静态或动态。

2.3.3.1 静态故障树

静态故障树以部件失效事件的组合表示系统的失效准则。用于构造静态故障树的逻辑门仅限于或门、与门和表决(或 N 中取 K)门,其符号如表2.3所列。

2.3.3.2 动态故障树(DFT)

为说明动态系统的特性,考虑一个容错系统,包含与开关控制器连接的一个主要部件和一个备用部件,如图2.5所示[64]。

如果开关控制器在主部件发生故障并因此备用部件已经切换到主动运行状态以接管

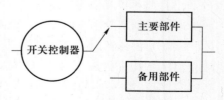

图2.5 一个简单的动态系统

14

任务之后失效,系统可继续运行;然而,如果开关控制器在主部件失效之前发生故障,则无法切换到备用部件,故即使备用部件仍可运行,系统也会失效。因此,系统状态实际上取决于系统部件发生失效的顺序。具有这种顺序依赖性的系统可以使用 DFT 来建模。

表 2.4 列举了 DFT 的一些常用逻辑门及符号。FDEP 门由单个触发输入事件和一个或多个相关基本事件组成。触发事件可以是基本事件或中间事件(另一个门的输出),触发事件的发生会导致相关基本事件发生。FDEP 门没有逻辑输出,它通过虚线与故障树相连。

表 2.4　DFT 的逻辑门符号

逻辑门	符号	逻辑门	符号
功能依赖 (FDEP)	触发器 → FDEP ○ … ○ 相关基本事件	优先级与 (PAND)	
冷备份 (CSP)	CSP ○ ○ … ○ 主要　备用	顺序执行 (SEQ)	SEQ ○ … ○

例如,FDEP 门适用于当外围设备通过 I/O 控制器访问一台计算机的情形,其中 I/O 控制器(触发事件)的失效将导致与其相连接的外围设备(相关部件)无法访问或无法使用。

表 2.4 中的 CSP 门由一个主要基本事件和一个或多个备用基本事件组成。主要基本事件对应于最初启动的部件。备用基本事件对应于最初未启动的备用部件,并作为主要部件的备份。当所有输入事件发生,即主要部件和所有备用部件均发生失效或无法使用时,输出发生。

CSP 门有两种变化形式:热备份(Hot Spare,HSP)门和温备份(Warm Spare,WSP)门。它们的图形布局类似于 CSP,只是将名称"CSP"分别改为"HSP"和"WSP"。在 HSP 中,备用部件在被切换到在线运行状态之前和之后失效率保持不变;在 WSP 中,备用部件被切换到运行状态之前具有降低的失效率。注意三种备份门不仅模拟备用行为,还会影响与输入基本事件相关联的部件的失效率。因此,一个基本事件不能连接到不同类型的备份门。

PAND 门在逻辑上等同于 AND 门,区别在于额外条件,即输入事件必须以预先指定的顺序(按照在门下从左到右的顺序)发生。如果任意输入事件未发生或者某个右侧输入事件在左侧事件之前发生,则输出事件不会发生。

考虑图 2.5 中所示的备份系统例子,PAND 门可用于描述其失效情形之一:如果开关控制器在主部件之前发生故障,则当主部件发生失效时,系统会发生失效。图 2.6 展示了采用冷备份时备份系统例子的 DFT 模型。

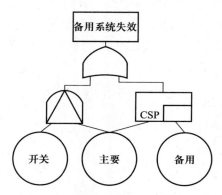

图 2.6　动态备份系统例子的 DFT 模型

SEQ 门要求所有输入事件按指定的从左到右的顺序发生。它与 PAND 门的区别在于,SEQ 门只允许输入事件以预定顺序发生,而 PAND 门只是检测输入事件是否以预定的顺序发生(实际中事件可以以任何顺序发生)。

2.3.3.3　非单调关联故障树

非单调关联故障树中除了使用在单调关联故障树用到的逻辑门外,其特别之处在于还会使用反相门(特别是图 2.7 所示的非门和异或门)。非单调关联故障树用于非单调关联系统的建模,这种系统的结构函数的复杂性不会随着额外运行部件数量的增加而单调增大。非单调关联系统能够通过部件的失效而从失效状态转变到良好状态,或者通过部件的修复而从良好状态转换到失效状态。

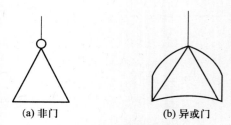

图 2.7　非单调关联故障树逻辑门

非单调关联系统通常出现在资源有限、多任务和安全控制等应用中,具体例子包括:n 中取 $k \sim l$ 多处理器系统、保护控制系统、交通信号灯系统、液面控制系统、水泵系统、自动功率控制系统和负载平衡系统[65-69]。

2.3.4　故障树分析的类型

有两种类型的 FTA:定性或定量。定性分析通常涉及最小割集(可以使顶事件发生的基本事件的最小集合)的确定。定量分析是在给定每个基本事件的发生概率后确定顶事件的发生概率(系统不可靠性或不可用性)。

2.3.4.1 定性分析

为寻找故障树的最小割集(MC),可以采用一种自上而下的方法[20]。该方法从顶端的逻辑门开始逐层向下,通过分析每个逻辑门来构造一组割集[45]。每向下一层,割集便会得到扩展,直到所有集合都是由基本事件构成。如果分析的是与门(意味着所有输入事件均须发生才能激活门输出),则其可用下一层中所有与其相连的输入事件代替;如果分析的是或门(意味着任何输入事件发生均可激活门输出),则所研究的割集将分成几个割集,每个割集包含或门的一个输入。如果所考虑的是表决门(n 中取 k),则其首先被扩展为以 C_n^k 个逻辑与门作为输入的或门,然后应用上述与门和或门的割集生成规则。

考虑一个如图 2.8(a)所示的故障树,图 2.8(b)表示了按照自上而下的方法生成其割集的过程,从顶端逻辑门 G_1 开始。G_1 是或门,因此被分成两个集合,每个集合包含 G_1 的一个输入,即{G_2}和{G_3}。G_2 是一个与门,因此可以用其两个输入{G_4,E_3}来代替;同理,G_3 也可以用其两个输入{E_3,E_4}代替。最后,对 G_4 的扩展将集合{G_4,E_3}分成{E_1,E_3}和{E_2,E_3}两个集合。因此,该故障树例子共有三个 MC:C_1 = {E_1,E_3},C_2 = {E_2,E_3}和 C_3 = {E_3,E_4}。

在一些情况下,生成的割集可能不是最小的,有必要进行约简。具体来说,如果一个割集包含重复的基本事件,则相同事件应只保留一个;如果一个割集是另一个割集的子集,则后者不是最小割集,应排除。例如,应将割集的集合{{E_1, E_2,E_3,E_1},{E_3,E_4},{E_1,E_3,E_4}}约简为{{E_1,E_2,E_3},{E_3,E_4}}。

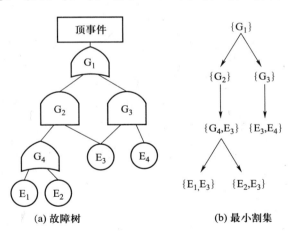

(a) 故障树　　　　　　　　　　(b) 最小割集

图 2.8　最小割集的生成

基于 MC 进行定性分析的可能结果包括:

(1) 所有可能导致严重系统事件(系统失效或某些不安全状况)的不同的最小部件失效组合。每种组合由一个 MC 表示。

对于图 2.8(a)中的故障树,如果基本事件 E_1 和 E_3,或者 E_2 和 E_3,或者 E_3 和

E_4 发生,整个系统均会失效。

（2）系统所有的单点失效。单点失效是某个其自身失效就会导致整个系统失效的部件,它由仅包含单个部件的 MC 表示。图 2.8 中的故障树没有单点失效。

（3）特定部件失效导致的薄弱点。它可以通过研究包含所关注部件的 MC 来确定。对于图 2.8(a)中的系统示例,一旦 E_3 发生失效,系统就容易受到 E_1、E_2 或 E_4 失效的影响。

这些定性结果可以帮助识别可能导致系统失效或不安全状态的隐患,以便能够计划和采取适当的预防或应对措施。

2.3.4.2 定量分析

定量分析用于确定故障树顶事件的相关指标,特别是由故障树模型表示的不可修复系统的不可靠性或可修复系统的不可用性。不可靠性是指系统在一个时间间隔内(如从 0 时刻到 t 时刻)至少出现一次失效的概率;不可用性是指系统在 t 时刻发生失效的瞬时概率。这些指标可用于衡量系统性能的可接受性[62]。

单调关联故障树的定量分析方法包括仿真法和解析法。仿真法(如蒙特卡罗仿真)通常可以得到通用性强的系统表达,但是同时计算的难度也更大[70];解析法可以进一步分为三类,即状态空间方法[71-74]、组合方法[18,19,75]和对前两种方法进行适当结合的模块化方法[76,77]。

状态空间方法(特别是基于 Markov 或 Petri 网的方法)在对系统部件之间复杂的相关依赖关系进行建模时表现得灵活且强大。但是当对大规模系统建模时,这类方法存在状态空间爆炸问题。此外,基于状态空间的方法通常仅限于部件寿命服从指数分布的系统。

组合方法对于解决大型故障树问题十分有效,且不受部件失效分布类型的限制。然而,传统的组合模型不能对相关性建模,因此不能应用于动态故障树建模中。最近的研究才将组合模型扩展用于解决动态系统建模问题[52,53,78-81]。

模块化方法用于分析大型离散傅里叶变换(DFT)[76]。具体来说,在模块化方法中,对独立的子故障树进行判别,进而对每个子树是采用马尔可夫方法(针对动态子树)还是组合方法(针对静态子树)分析做出决策,不再对整个系统故障树采用统一解法。对每个子树单独分析,对各分析结果进行综合,便得到整个系统的最终分析结果[61]。模块化方法的具体细节可见 4.5 节。

Heidtmann 于 1981 年完成了一项非单调关联系统建模和分析的早期研究[82]。非单调关联 FTA 的传统方法主要基于质蕴涵,它对 MC 进行了延伸[83-85],应用不交积和[86]或容斥[87]方法(见 2.3.5 节)来评估质蕴涵,以获得系统可靠性度量。此后,为减少计算量还进行了一些技术性研究,提出了直接计算法[83]、概率法[84]和基于二元决策图的方法[88]等算法。关于非单调关联 FTA 的更多细节见 4.6 节。

2.3.5 故障树分析技术

经过 2.3.4 节中对各种定量分析技术的概述,本节专门讨论 FTA 的常用技术,即基于 MC 的方法。

每个 MC 代表系统的一种可能失效方式，因此，系统失效概率(用 Q_{sys} 表示)可以用一个或多个 MC 中的所有基本事件发生的概率来评估。令 C_i 表示一个 MC，则对于具有 n 个 MC 的系统，系统失效概率估计为

$$Q_{sys} = \Pr(\bigcup_{i=1}^{n} C_i) \qquad (2.29)$$

所有 MC 可以使用 2.3.4.1 节中介绍的自上而下的方法生成。因为 MC 通常不会不相交，所以一般式(2.29)中并集的概率与各个 MC 发生概率之和并不相等。对于单调关联系统，各个 MC 发生概率之和实际上给出了系统发生失效概率的上界，因为交集中的事件可能被计算了不止一次[20]。

容斥(I-E)和不交积和是评估式(2.29)的两种常用方法。

2.3.5.1 容斥方法

在 I-E 方法中，系统失效概率计算方法为：在所有 MC 中每次取一个 MC 的概率之和，减去一次取两个不同 MC 的交集的概率之和，加上一次取三个不同 MC 的交集的概率之和，依此类推，直到取到包含所有 MC 的交集概率的项[20]。上述过程的数学表达式为

$$Q_{sys} = \sum_{i=1}^{n} \Pr(C_i) - \sum_{i<y} \Pr(C_i \cap C_j)$$
$$+ \sum_{i<y<k} \Pr(C_i \cap C_j \cap C_k) \cdots \pm \Pr(\bigcap_{j=1}^{n} C_j) \qquad (2.30)$$

考虑图 2.8 中所示的示例系统，通过 2.3.4.1 节中的讨论可知系统故障树共有三个 MC，分别是：$C_1 = \{E_1, E_3\}$，$C_2 = \{E_2, E_3\}$ 和 $C_3 = \{E_3, E_4\}$。对系统失效概率的估计为

$$Q_{sys} = \Pr(C_1 \cup C_2 \cup C_3) = \sum_{i=1}^{3} \Pr(C_i) - \Pr(C_1 \cap C_2)$$
$$- \Pr(C_1 \cap C_3) - \Pr(C_2 \cap C_3) + \Pr(C_1 \cap C_2 \cap C_3) \qquad (2.31)$$

假设各系统部件发生失效之间是相互独立的，则每个 MC 发生的概率等于集合中每个基本事件发生概率的乘积。例如，设

$$\Pr(E_1) = 0.1, \Pr(E_2) = 0.05, \Pr(E_3) = 0.01, \Pr(E_4) = 0.02$$

则有

$$\begin{cases} \Pr(C_1) = \Pr(E_1)\Pr(E_3) = 0.001 \\ \Pr(C_2) = \Pr(E_2)\Pr(E_3) = 0.0005 \\ \Pr(C_3) = \Pr(E_3)\Pr(E_4) = 0.0002 \end{cases}$$

因此，示例系统的失效概率为

$$Q_{sys} = \sum_{i=1}^{3} \Pr(C_i) - \Pr(C_1 \cap C_2) - \Pr(C_1 \cap C_3)$$

$$- \Pr(C_2 \cap C_3) + \Pr(C_1 \cap C_2 \cap C_3)$$
$$= 0.0017 - \Pr(E_1 E_2 E_3) - \Pr(E_1 E_3 E_4)$$
$$- \Pr(E_2 E_3 E_4) + \Pr(E_1 E_2 E_3 E_4)$$
$$= 0.0017 - 0.00005 - 0.00002 - 0.00001 + 0.000001$$
$$= 0.001621$$

式(2.30)的计算结果为系统失效概率的准确值,可以通过仅计算式(2.30)中的一部分项获得系统失效概率的下界和上界。具体来说,在式中每加上(或减去)一个连续求和项,其结果将大于(或小于)期望的系统失效概率[20]。

例如,式(2.31)的计算结果给出了图 2.8 中示例系统的准确失效概率,而系统失效概率的上界和下界分别为

$$Q_{\text{sys-upper}} = \sum_{i=1}^{3} \Pr(C_i) = 0.0017$$

和

$$Q_{\text{sys-lower}} = \sum_{i=1}^{3} \Pr(C_i) - \Pr(C_1 \cap C_2) - \Pr(C_1 \cap C_3) - \Pr(C_2 \cap C_3)$$
$$= 0.00162$$

2.3.5.2　不交积和(SDP)方法

SDP 方法依次选取每个 MC,并利用布尔代数使其与之前的各 MC 均不相交,以便系统失效概率可用这些互不相交的独立项的概率之和来估计,即

$$Q_{\text{sys}} = \Pr(\bigcup_{i=1}^{n} C_i)$$
$$= \Pr\{C_1 \cup (\overline{C_1} C_2) \cup (\overline{C_1}\,\overline{C_2} C_3) \cup \cdots \cup (\overline{C_1}\,\overline{C_2}\,\overline{C_3} \cdots \overline{C_{n-1}} C_n)\}$$
$$= \Pr(C_1) + \Pr(\overline{C_1} C_2) + \cdots + \Pr(\overline{C_1}\,\overline{C_2} \cdots \overline{C_{n-1}} C_n) \tag{2.32}$$

考虑图 2.8 中的示例系统,使用 SDP 方法得到的系统失效概率为

$$Q_{\text{sys}} = \Pr(C_1) + \Pr(\overline{C_1} C_2) + \Pr(\overline{C_1}\,\overline{C_2} C_3)$$
$$= \Pr(E_1)\Pr(E_3) + \Pr(\overline{E_1 E_3} E_2 E_3) + \Pr(\overline{E_1 E_3}\,\overline{E_2 E_3} E_3 E_4)$$
$$= 0.001 + \Pr((\overline{E_1} + \overline{E_3}) E_2 E_3) + \Pr((\overline{E_1} + \overline{E_3})(\overline{E_2} + \overline{E_3}) E_3 E_4)$$
$$= 0.001 + \Pr(\overline{E_1} E_2 E_3) + \Pr(\overline{E_1} E_2 E_3 E_4)$$
$$= 0.001 + 0.9 \times 0.05 \times 0.01 + 0.9 \times 0.95 \times 0.01 \times 0.02$$
$$= 0.001621 \tag{2.33}$$

与 I-E 方法类似,可以利用式(2.32)中的一部分项来计算系统失效概率的下界和上界。其思想是将所有 MC 按照其发生概率由高到低进行排序[20],则序号越小的 MC 对系统不可靠性的影响越大。使序号较大的 MC 与之前的各 MC 不相交可能需要大量的运算时间,却对结果的精度没有多大影响。因此,可以利用式

(2.34)得到系统不可靠性的界限,即

$$\Pr(C_1) + \Pr(\overline{C_1}C_2) + \cdots + \Pr(\overline{C_1}\,\overline{C_2}\cdots\overline{C_{l-1}}C_l) \leqslant Q_{\text{sys}} \leqslant$$

$$\Pr(C_1) + \Pr(\overline{C_1}C_2) + \cdots + \Pr(\overline{C_1}\,\overline{C_2}\cdots\overline{C_{l-1}}C_l) + \Pr(C_{l+1}) + \cdots + \Pr(C_n)$$

$$(2.34)$$

例如,式(2.33)的结果给出了图 2.8 所示系统示例的准确失效概率,而系统失效概率的下界和上界分别为

$$Q_{\text{sys-lower}} = \Pr(C_1) + \Pr(\overline{C_1}C_2) = 0.00145$$

和

$$Q_{\text{sys-upper}} = \Pr(C_1) + \Pr(\overline{C_1}C_2) + \Pr(C_3) = 0.00165$$

第 3 章讨论了基于 BDD 的故障树分析方法,这种方法无需对 MC 进行精确识别和评估。

第3章 二元决策图原理

Lee 于 1959 年首次提出 BDD,用于表示开关电路[2],并由 Boute 和 Akers[3,4] 进行了进一步研究和推广。1986 年,Bryant 探索了基于 BDD 的高效算法[5],此后 BDD 及其扩展形式在众多领域进一步得到成功的应用[6-13,15-17]。

1993 年,BDD 第一次应用于二态系统的故障树可靠性分析,这种系统及其元件有且仅有两种状态:正常运行或失效[18-20]。许多研究表明,在大多数情况下,基于 BDD 的方法所需的内存和计算时间少于其他故障树可靠性分析方法,如基于割集和路集的 I-E 或 SDP 方法、基于马尔可夫的随机过程方法等。近年来,BDD 及其扩展形式已经成为高效可靠性分析的最先进的组合模型,用于分析不同类型复杂系统的可靠性,如多阶段任务系统(见第 5 章)和多状态系统(见第 6 章)。

本章介绍了 BDD 的相关基本概念,以及如何对 BDD 模型进行构造和评估。

3.1 香农分解原理和 ITE 格式

BDD 主要基于香农分解(Shannon's decomposition)原理:设 F 是一组布尔变量 X 的布尔表达式,x 是 X 中的一个布尔变量,则有[5]

$$F = x \cdot F_{x=1} + \bar{x} \cdot F_{x=0} = x \cdot F_1 + \bar{x} \cdot F_0 \tag{3.1}$$

式中,$F_1 = F_{x=1}$ 和 $F_0 = F_{x=0}$ 分别表示 x 等于 1 和 0 时 F 的取值。

为了和对布尔函数进行香农分解而得到的二叉树表示相匹配,引入了式 (3.2)所示 if-then-else(ite)格式[18]。

$$F = x \cdot F_1 + \bar{x} \cdot F_0 = \text{ite}(x, F_1, F_0) \tag{3.2}$$

如果一个布尔函数是常值(等于"0"或"1")或者是 $\text{ite}(x, G, H)$ 的形式(其中 x 为布尔变量,G 和 H 是不含 x 的布尔函数),则称为具有香农形式。事实上,任意布尔函数都可以等价变换为香农形式。

3.2 基 本 概 念

基于香农分解,BDD 可以以图的形式表示逻辑函数,且这种形式具有规范(对于特定变量排序表达式唯一)和简洁(比其他图形表示法包含节点更少)的特点。

需要指出的是,BDD 是具有两个汇聚节点和一组非汇聚节点的有向无环图 (Directed Acyclic Graph,DAG)。两个汇聚节点分别表示系统处于运行状态(标记为逻辑值"0")和失效状态(标记为逻辑值"1")。每个非汇聚节点与一个布尔变量 x 相关联,并具有两个输出分支,分别称为 1 边(或称为 then 边)和 0 边(或称为 else 边)(图 3.1)。1 边表示元件 x 发生失效,得子节点 $F_{x=1}$;0 边表示元件 x 正常运行,得子节点 $F_{x=0}$。BDD 中的每个非汇聚节点以 ite 格式编码一个布尔函数。BDD 的关键特征之一是 $x \cdot F_{x=1}$ 和 $\overline{x} \cdot F_{x=0}$ 是不相交的。

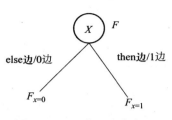

图 3.1　BDD 非汇聚节点

　　如果在 BDD 中添加约束条件:所有从根节点到汇聚节点路径上的变量按某种方式排序,则称该 BDD 为有序 BDD(OBDD)。此外,如果每个非汇聚节点编码的逻辑表达式均不同,则该有序 BDD 为精简 OBDD(ROBDD)。

　　为了采用 ROBDD 进行故障树的定量可靠性分析:故障树需要首先转换为 ROBDD 形式(见 3.3 节);然后根据所得到的 ROBDD 评估系统的可靠性(见 3.4 节)。

3.3　ROBDD 构造

　　从故障树构造 ROBDD,分三个基本步骤:首先将每个系统元件对应的变量进行排序(见 3.3.1 节);然后对故障树进行深度优先搜索,并按照自底向上方式构建 OBDD(见 3.3.2 节);最后,在生成 OBDD 过程中应用两个约简规则以得到 ROBDD(见 3.3.3 节)。

3.3.1　变量排序

　　ROBDD 模型的大小在很大程度上取决于输入变量的顺序。目前对于给定的故障树结构,还不存在找到变量的最优排序方法,实际应用中多采用启发式变量排序策略。本节将用一个示例解释说明基于故障树模型深度优先搜索的若干启发式策略。

　　启发式策略 H_1:变量的排序结果由故障树模型的深度优先最左遍历得到,考虑图 3.2 中的故障树模型。

　　应用 H_1 策略,按照表 3.1 所列的顺序访问示例中的变量,由此可得变量的顺序为 $A<B<C<D<E<F$。

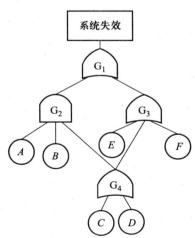

图 3.2　启发式变量排序故障树模型示例

表 3.1　H_1 策略的变量访问顺序

1	2	3	4	5	6	7	8	9	10	11
G_1	G_2	A	B	G_4	C	D	G_3	E	G_4	F

启发式策略 H_2：H_2 的实现分三步[89]：①为每个基本变量(对应故障树中的叶子节点)定义一个权重值1，并将权重值的定义从下往上扩展到整个故障树，其中每个中间变量(对应于故障树中的逻辑门)的权重定义为与其相连的下层基本变量或中间变量的权重之和；②对各故障树元素按照其权重值的递增顺序进行排序；③对得到的故障树应用 H_1 策略。

考虑图3.2中的故障树示例，所有基本变量和中间变量的权重值为：$\omega(A)=\omega(B)=\omega(C)=\omega(D)=\omega(E)=\omega(F)=1$；$\omega(G_4)=\omega(C)+\omega(D)=2$；$\omega(G_2)=\omega(A)+\omega(B)+\omega(G_4)=4$；$\omega(G_3)=\omega(E)+\omega(G_4)+\omega(F)=4$；$\omega(G_1)=\omega(G_2)+\omega(G_3)=8$。在步骤2中，将 G_3 改写为 $G_3=E\vee F\vee G_4$。在步骤3中，应用 H_1 策略，按照表3.2所列的顺序访问变量，由此可得变量的顺序为 $A<B<C<D<E<F$。

表 3.2　H_2 策略的变量访问顺序

1	2	3	4	5	6	7	8	9	10	11
G_1	G_2	A	B	G_4	C	D	G_3	E	F	G_4

启发式策略 H_3：启发式策略 H_3 的思想是按照每个故障树逻辑门输出端数由多到少的顺序进行排序，然后在所得故障树上应用 H_1 策略[90,91]。

考虑图3.2中的故障树示例，G_2 和 G_3 均只有一个输出端，因此 G_1 的定义保持不变；G_4 有两个输出端而 A、B、E、F 均只有一个输出端，因此 G_2 和 G_3 分别被改为 $G_2=G_4\wedge A\wedge B$ 和 $G_3=G_4\vee E\vee F$；C 和 D 均只有一个输出端，故 G_4 的定义保持不变。对重新排列后的故障树应用 H_1 策略，可得表3.3所列的访问顺序，即为 $C<D<A<B<E<F$。

表 3.3　H_3 策略的变量访问顺序

1	2	3	4	5	6	7	8	9	10	11
G_1	G_2	G_4	C	D	A	B	G_3	G_4	E	F

上述启发式策略所具有的共同特征为：易于计算(计算复杂程度大致与故障树的大小呈线性关系)和模块化(Respecting Modules)[92]。有关启发式策略的更多讨论请参见文献[89-94]。

3.3.2　OBDD 构造

在完成变量排序之后，通过递归地使用以下操作规则，按自下而上的方式构

造 OBDD[5]:

$$G \diamondsuit H = \text{ite}(x, G_{x=1}, G_{x=0}) \diamondsuit \text{ite}(y, H_{y=1}, H_{y=0})$$

$$= \text{ite}(x, G_1, G_0) \diamondsuit \text{ite}(y, H_1, H_0)$$

$$= \begin{cases} \text{ite}(x, G_1 \diamondsuit H_1, G_0 \diamondsuit H_0), & \text{index}(x) = \text{index}(y) \\ \text{ite}(x, G_1 \diamondsuit H, G_0 \diamondsuit H), & \text{index}(x) < \text{index}(y) \\ \text{ite}(y, G \diamondsuit H_1, G \diamondsuit H_0), & \text{index}(x) > \text{index}(y) \end{cases} \quad (3.3)$$

式中,G 和 H 代表与所遍历的子故障树相对应的两个布尔表达式;G_i 和 H_i 分别为 G 和 H 的子表达式;$\diamondsuit$ 代表逻辑运算(与运算或或运算);index 代表序号。这些操作规则的图形表示如图 3.3 所示。

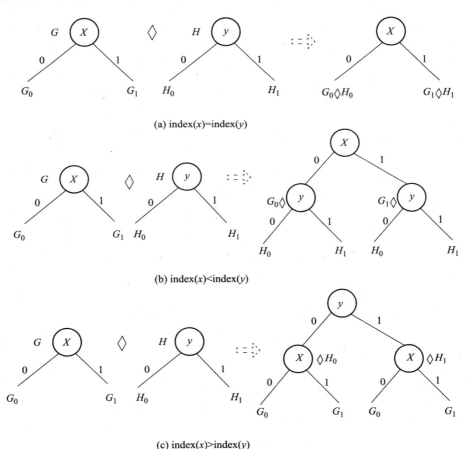

(a) index(x)=index(y)

(b) index(x)<index(y)

(c) index(x)>index(y)

图 3.3 式(3.3)中操作规则的图形表示

具体来说,这些规则用于将由逻辑表达式 G 和 H 表示的两个子 OBDD 模型组合成一个 OBDD 模型。为了应用这些规则,需要比较两个根节点(G 中的 x 和 H

中的y)的排序序号大小。如果x和y的序号相同,表示它们属于同一个元件,则对它们的子节点进行运算;否则,将序号较小的变量作为组合后 OBDD 的新根节点,并且将序号较小节点的各子节点和另一个子 OBDD 作为一个整体进行逻辑运算。反复执行上述规则,直到其中一个子表达式变为常数"0"或"1"。生成过程中利用布尔代数($1+x=1,0+x=x,1 \cdot x=x,0 \cdot x=0$)对表达式进行化简。

3.3.3 ROBDD 的构造

为了构造 ROBDD,在 OBDD 生成期间应使用以下两个约简规则。

规则 1:将对同一个布尔表达式进行编码的同构子 OBDD 合并为一个子 OBDD(图 3.4)。

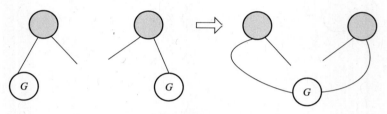

图 3.4 合并同构子 OBDD

规则 2:删除无用节点。如果节点x编码函数时得到形如$(x \wedge G) \vee (\bar{x} \wedge G)$的函数表达式,则$x$是无用的,可以直接删除(图 3.5)。

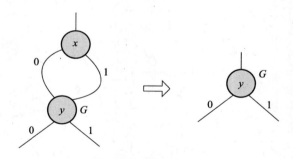

图 3.5 删除无用节点

3.3.4 示例分析

为了对 ROBDD 的构造过程进行说明,我们考虑图 3.6 所示的故障树,用于生成 ROBDD 的变量排序为$A<B<C<D$。考虑以或门 G_3 为根节点的子树,第一条遍历路径通往基本变量B,这意味着一旦为其所有输入(B 和 C)建立 OBDD,逻辑门 G_3 将生效。图 3.7 表示了基本变量B和C的 OBDD 模型以及通过逻辑门 G_3 的逻辑或运算得到的 OBDD。依据图 3.3(b)所示的运算规则,由于B的排序序号小于

C,故 B 为所生成 OBDD 的根节点。

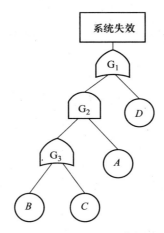

图 3.6　ROBDD 生成过程故障树模型示例

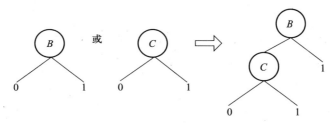

图 3.7　逻辑门 G_3 对应的 OBDD 生成过程

采用了图 3.3(c)所示的运算规则,根据逻辑门 G_2 的含义,对图 3.7 中的 OBDD 和基本变量 A 的 OBDD 所进行的逻辑与运算所得的 OBDD 如图 3.8 所示。

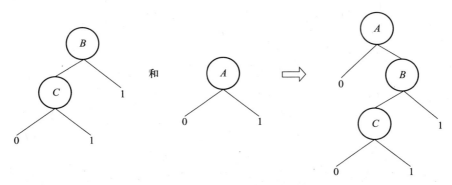

图 3.8　逻辑门 G_2 的 OBDD 生成过程

根据逻辑门 G₁ 的含义,对图3.8中的 OBDD 和基本变量 D 的 OBDD 所进行的逻辑或运算所得的 OBDD 如图3.9所示。由于逻辑门 G₁ 位于故障树的最顶端,因此图3.9所示的 OBDD 即为整个系统的 OBDD。

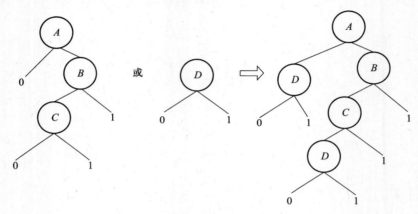

图 3.9　逻辑门 G₁ 的 OBDD 生成过程

由于图3.9中以 D 为根节点的两个子 OBDD 是同构的,所以应用图3.4中的约简规则1对其进行合并以生成最终的 ROBDD,如图3.10所示。

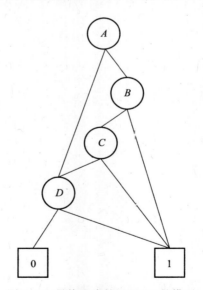

图 3.10　最终生成的 ROBDD 的模型

考虑图3.2所示的另一个故障树示例,由3.3.1节中介绍的 H₁ 策略或 H₂ 策略可得排序 $A<B<C<D<E<F$,据此排序生成的 OBDD 如图3.11所示。由于节点 B 具有两个相同的子节点,为无用节点,根据约简规则2将其删除。在删

28

除节点 B 后,节点 A 同样有两个相同的子节点,也是可以被删除的无用节点。图 3.12 表示了经过约简以及合并相同汇聚节点之后最终的 ROBDD 模型。需要注意的是,若使用在 3.3.3 节中介绍的 H₃ 策略所生成的排序 $C<D<A<B<E<F$,在 OBDD 生成期间将不会生成无用节点,而直接得到图 3.12 所示的最终 ROBDD 模型。

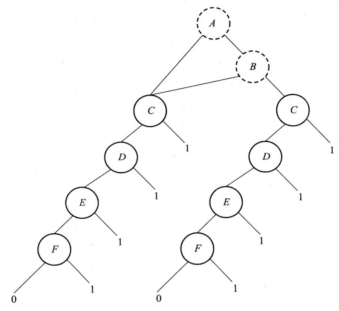

图 3.11　图 3.2 所示故障树对应的 OBDD 模型

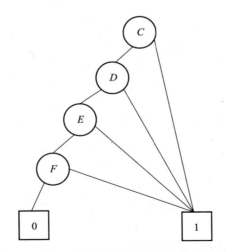

图 3.12　图 3.2 所示故障树的最终 ROBDD 模型

3.4 ROBDD 评估

在 ROBDD 中，从根节点到汇聚节点的每条路径均表示一种互不相交的元件失效和非失效事件组合。如果一个路径的汇聚节点标记为"1"(或"0")，则此路径将导致系统失效(或正常运行)。与路径上的每个 then 边(或 else 边)相关的概率即为对应元件的不可靠性(或可靠性)。因为所有路径是不相交的，所以系统不可靠性可以简单地由所有从根节点到汇聚节点"1"的路径的概率之和计算。同理，系统可靠性为通过所有从根节点到汇聚节点"0"的路径的概率之和。

考虑图 3.10 所示的 ROBDD，其中共有四条从根节点到汇聚节点"1"的不相交路径：

路径 1:A 失效,B 失效；

路径 2:A 失效,B 未失效,C 失效；

路径 3:A 失效,B 未失效,C 未失效,D 失效；

路径 4:A 未失效,D 失效。

设 q_w 和 p_w 分别表示元件 $w \in \{A, B, C, D\}$ 的不可靠性和可靠性，则系统的可靠性计算公式为

$$UR(t) = \sum_{i=1}^{4} \Pr\{\text{Path} - i\}$$
$$= q_A q_B + q_A p_B q_C + q_A p_B p_C q_D + p_A q_D \tag{3.4}$$

考虑图 3.12 所示的 ROBDD，其中共有四条从根节点到汇聚节点"1"的不相交路径：

路径 1:C 失效；

路径 2:C 未失效,D 失效；

路径 3:C 未失效,D 未失效,E 失效；

路径 4:C 未失效,D 未失效,E 未失效,F 失效。

因此系统的不可靠性计算公式为

$$UR(t) = \sum_{i=1}^{4} \Pr\{\text{Path} - i\}$$
$$= q_C + p_C q_D + p_C p_D q_E + p_C p_D p_E q_F \tag{3.5}$$

实际上，图 3.12 所示的 ROBDD 中从根节点到汇聚节点"0"的路径只有一条，即元件 C、D、E、F 均未失效，所以系统的可靠性可以更简单地由下式计算：

$$R(t) = \Pr\{C, D, E, F \text{ 未故障}\}$$
$$= p_C p_D p_E p_F \tag{3.6}$$

式(3.7)给出了 BDD 评价的递归算法：

$$\Pr(F) = q_x \cdot \Pr(F_1) + p_x \cdot \Pr(F_0) \tag{3.7}$$

当 x 是整个系统 ROBDD 的根节点时，$\Pr\{F\}$ 即为最终的系统不可靠性。这个递推算法的退出条件如下：

如果 $F=0$，则 $\Pr(F)=0$；

如果 $F=1$，则 $\Pr(F)=1$。

3.5　基于 ROBDD 的软件包

Galileo 是弗吉尼亚大学研发的一种动态故障树建模和分析工具[95]。该工具将动态故障树分析方法与丰富的图形用户界面相结合，实现了故障树的自动模块化以及不同模块或子树的独立解决方案，即静态模块采用基于 ROBDD 的方法，动态模块采用马尔可夫链方法。静态模块所采用的基于 ROBDD 方法，可支持多种类型的失效时间分布（例如固定概率、指数分布、对数正态分布和威布尔分布）。

第4章　BDD 在二态系统中的应用

本章介绍了基于 BDD 的二态系统可靠性建模和分析,重点是网络可靠性分析、事件树分析、失效频率分析以及重要度分析。本章还介绍了模块化分析方法、非单调关联(或非相干, non-coherent)系统分析方法以及具有不相交失效或相关失效的系统的分析方法。

4.1　网络可靠性分析

网络是一种应用广泛的模型,用于分析各种复杂的系统,如技术、社会、物理和生物系统。网络可靠性分析对于这些系统的可靠设计和安全操作是必不可少的[96-98]。

蒙特卡罗仿真(Monte Carlo Simulations, MCS)是一种近似的网络可靠性分析方法,其实现是基于危险强度随机样本和相应的网络元件响应[99]。基于 MCS 方法的概况可参见文献[100]。基于 MCS 的方法通常应用于较大规模的网络,因为其计算效率很大程度上依赖于概率的收敛而不是所分析网络的规模。但是,MCS 中包含的统计误差使得在低概率(稀有)事件估计和参数灵敏度分析时,准确度收敛到可接受水平的速度变慢。

另外,网络可靠性的精确评估是一个 NP(非确定性多项式)难题[101],研究人员在基于最小路集(MP)或最小割集(MC)的精确方法研究方面进行了大量研究。在基于 MP/MC 的方法中,首先列举出两个指定网络节点间连通(或不连通)的所有可能方式(称为路集/割集搜索),然后采用容斥[102,103]或不交积和[104]等方法对这些 MP/MC 的可靠性进行评估。传统的基于 MP/MC 的方法具有双倍指数级计算复杂度,因此在面对大规模网络问题时效率很低。

为了提高基于 MP/MC 的网络可靠性分析方法的计算效率,许多方法,如递推分解算法[105,106]、基于矩阵的方法[107,108]和基于通用生成函数(Universal Generating Functions, UGF)的方法[112]等被提出。此外,在文献[113-116]中提出了基于 BDD 的大规模网络可靠性分析方法,包含以下四个主要步骤:

(1)使用概率图 $G=(V,E)$ 表示所考虑的网络系统,其中 V 为节点集,$E\subseteq V\times V$ 为边集。每个节点或边以已知概率发生随机失效。

(2)通过一个有效的启发式排序方法来对网络元件进行排序。由第3章中的讨论可知,理论上为较大的网络系统寻找最佳排序非常困难[117];实际应用中多采用启发式方法来获取较好排序以指导生成 BDD 模型,常用于生成计算网络可靠性 BDD 的启发式排序方法一般基于搜索方案,如广度优先搜索(Breadth - First

Search，BFS）[25,113-116]、深度优先搜索（Depth-First Search，DFS）[25]和网络驱动搜索（Network-Driven Search，NDS）[118]等。文献[119]中基于边界集概念提出的关于启发式策略的选择方法，有助于生成更优的排序以提高基于BDD的网络可靠性分析的效率。

（3）从给定网络的概率图中生成一个BDD模型。从网络概率图构造BDD的算法可以分为三种类型。第一类是边扩展图算法：首先递归地从某个源节点开始，沿着所连接的边，生成边扩展图；然后在所生成的边扩展图上遍历网络图构造成功路径函数和等效BDD[113,114]；第二类是基于因式分解的方法[115]：通过边收缩建立右子图，边删除建立左子图，并利用边界分区标识子图状态以最大限度地识别与共享子图，达到快速构建BDD模型的目的；第三类方法[116]：遍历源点和汇点之间的所有路径的过程中建立BDD模型，其中深度路径使用逻辑与运算组合BDD，广度路径使用逻辑或运算组合BDD。具体来说，对每一对源点和汇点之间路径上所有节点的BDD使用逻辑与运算形成路径BDD，然后对所有路径的BDD使用逻辑或运算组合形成网络BDD。

（4）评估BDD以获得网络可靠性。评估算法与第3章中介绍的传统BDD的评估算法相同。

4.2　事件树分析

事件树分析（Event Tree Analysis，ETA）最初应用于核工业的风险评估[120]。目前，事件树分析已经应用在人因可靠性评估[121]以及多种技术系统的风险和可靠性分析中，如化工系统、运输系统和海上油气生产系统[24,122]等。

ETA是一种归纳（正向推理）技术，用于检查起始危险事件的所有潜在响应，在页面上从左到右进行[24]。事件树上的分支点通常表示可对起始危险事件进行响应的系统或子系统的正常或失效。事件树为事件传播到其可能结果的序列提供了一个系统性覆盖[45]。

ETA可按以下步骤执行[123]：

（1）识别一个相关的起始危险事件。这个起始事件可能是一个技术故障或是一些人为失误。例如，"天然气泄漏"可以选作一个海上天然气平台安全分析的起始事件。为了进一步满足ETA的要求，起始事件应能导致多个结果序列。如果启动事件只导致一个结果序列，则更适合采用故障树分析（见2.3节）技术解决。

（2）安全功能的识别。安全功能设计用来处理或响应起始事件，因此可以认为是系统针对起始事件而进行的防御。例如，对起始事件自动响应的安全系统（如自动关机系统）；限制或隔离起始事件影响的防范方法；报警系统在起始事件发生时警告操作员，并对警报后的操作程序进行提醒。

（3）事件树的构建。事件树通常从左到右进行绘制，体现事件链的发展过程。从所选择的起始事件开始,根据响应起始事件的安全功能的成功/故障来选择通过分支,每个安全功能对应一个通常具有两种可能结果(真/成功或者假/故障)的节点。在每个节点处有两个分支,分别表示与该节点相关联事件的真假条件。一个事件的输出将引发其他事件,一直发展到最终结果。图4.1示例了包含两个事件的事件树的结构。一般来说,对于包含 n 个不同事件的序列,其事件树最多包含 2^n 个分支。在实际中,由于存在一些不可能或不相关的分支,其总数可能减少。

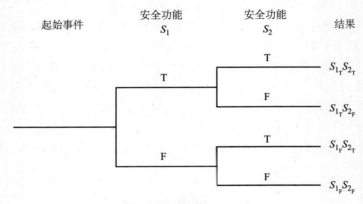

图 4.1　事件树结构示例

(4) 结果事件序列的描述。这一步属于定性的 ETA。某些序列表示系统可能恢复到正常状态或安全关闭,某些序列表示可能引起事故或危险状态,从安全角度讲第二种序列更为重要。事件树结构图清晰地显示了事故的进展情况,有助于分析人员根据不同事件序列的危险程度对其进行排序,并提出应增加哪些额外的安全程序能够以最有效的方式防止事故发生。

(5) 特定结果的概率或频率评估。当树中的分支点事件相互统计独立时,评估结果可以简单地通过将起始事件的频率乘以通向每个结果的各分支的概率来得到。故障树通常构造用于研究子系统(安全功能)失效的原因。故障树分析中顶事件(TOP 事件)概率给出了沿着子系统–故障分支的概率,可以采用基于 BDD 的方法(见第 3 章)得到;其补给出了通过子系统–成功分支的概率。

当表示部件故障的基本事件出现在不止一个子系统故障树中时,在分支事件之间就存在统计相关性。在这种情况下,可以通过确定更高层次的组合故障树模型来进行结果频率评估,组合故障树的 TOP 事件定义为"对应分支节点的子系统故障树事件发生(真)和不发生(假)的逻辑与组合"。这种组合故障树的结构可用布尔代数来约简。如果一些子系统事件表示子系统–成功,那么这种组合的故障树可以是非单调关联的[24,124]。在基于 BDD 的故障树分析中,可以通过简单地交换子系统–失效 BDD 模型的汇聚节点"1"和"0",得到子系统–成功 BDD 模型

（称为双 BDD，dual BDD）。子系统 BDD 的组合可以使用式（3.3）的传统操作规则执行，用于为特定结果的组合故障树模型生成 BDD 模型。

4.3 失效频率分析

系统失效频率定义为每个单位时间内系统的平均失效次数[22]，通常可以从系统可用性表达式中得到，但是 Schneeweiss[125] 指出这一度量比系统可用性更重要。原因是系统运行的期望成本不仅取决于系统可用性，而且还取决于在特定时间区间内发生失效的次数；不考虑系统停机时间的情况下，每次失效之后的维修都将产生一定的成本。在稳态条件下，系统失效频率等于系统成功频率。

设 A 和 UA 分别表示稳态系统的可用性和不可用性，v 表示稳态系统失效频率。其他系统性能度量如 MTBF、MTTF 和 MTTR 可以由式（4.1）得到[126,127]，即

$$\begin{cases} \text{MTBF} = 1/v \\ \text{MTTF} = A/v \\ \text{MTTR} = UA/v \end{cases} \tag{4.1}$$

或者可以基于 MTTF 和 MTTR，分别得到稳态可用性和不可用性：

$$\begin{cases} A = \dfrac{\text{MTTF}}{\text{MTTF} + \text{MTTR}} = \dfrac{\text{MTTF}}{\text{MTBF}} \\ UA = \dfrac{\text{MTTR}}{\text{MTTF} + \text{MTTR}} = \dfrac{\text{MTTR}}{\text{MTBF}} \end{cases} \tag{4.2}$$

在稳态条件下，在特定时间区间 $[0, T]$ 内期望发生的失效数（或成功数）为 $v * T$；期望的正常运行时间为 $A * T$；期望停机时间为 $UA * T$。

对于短时间任务，时间相关可用性 $A(t)$、不可用性 $UA(t)$ 和失效频率 $v(t)$ 变得很重要。在这种情况下，系统失效频率 $v_f(t)$ 和系统成功频率 $v_s(t)$ 不再相等，应分别评估以计算其他性能度量。在时间相关条件下，在特定时间区间 $[0, T]$ 内的期望失效数（Expected Number of Failures，ENF）、期望成功数（Expected Number of Successes，ENS）、期望运行时间（Expected Up Time，EUT）和期望停机时间（Expected Down Time，EDT）分别为

$$\begin{cases} \text{ENF}(T) = \displaystyle\int_0^T v_f(t)\,\mathrm{d}t \\ \text{ENS}(T) = \displaystyle\int_0^T v_s(t)\,\mathrm{d}t \\ \text{EUT}(T) = \displaystyle\int_0^T A(t)\,\mathrm{d}t \\ \text{EDT}(T) = \displaystyle\int_0^T UA(t)\,\mathrm{d}t \end{cases} \tag{4.3}$$

4.3.1 节和 4.3.2 节介绍了用于评估稳态和时间相关系统失效/成功频率的基

于 BDD 的算法。首先做出以下假设：

（1）系统各元件是统计独立的；

（2）系统及其元件只有两种状态（运行或失效）；

（3）所有元件都是可修复的，并假设可完全修复（修复的元件与新的一样好）；

（4）元件的失效率和修复率是恒定的。

4.3.1 稳态系统失效频率

通过将系统可用性表达式 A 中的每个乘积项稍加改动，可得到稳态系统失效频率 $v^{[22]}$。考虑如图 4.2 所示的一个 BDD 分支对一个系统可用性的建模，与式（3.7）类似，式（4.4）给出了关于该 BDD 分支的系统可用性的递推评估算法，即

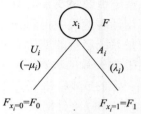

图 4.2　系统可用性的 BDD 建模

$$\begin{aligned}\mathrm{Pr}(F) &= \mathrm{Pr}(A_i \cdot F_{x_i=1} + U_i \cdot F_{x_i=0})\\ &= A_i \cdot \mathrm{Pr}(F_1) + U_i \cdot \mathrm{Pr}(F_0)\\ &= A_i \cdot A_{x_i=1} + U_i \cdot A_{x_i=0}\end{aligned} \tag{4.4}$$

式中，A_i 和 U_i 分别为元件 i 的稳态可用性和不可用性，可由元件的失效率和修复率通过式（4.5）评估计算，即

$$A_i = \frac{\mu_i}{\lambda_i + \mu_i}, U_i = \frac{\lambda_i}{\lambda_i + \mu_i} \tag{4.5}$$

当 x_i 是整个系统可用性 BDD 模型的根节点时，式（4.4）中的 $\mathrm{Pr}\{F\}$ 即为最终的系统可用性值。这个递推算法的退出条件为：如果 $F=0$，则 $\mathrm{Pr}(F)=0$；如果 $F=1$，则 $\mathrm{Pr}(F)=1$。

因此，可用以下递归等式来评估稳态系统失效频率：

$$v = A_i A_{x_i=1}(\lambda_i + \lambda_{x_i=1}) + U_i A_{x_i=0}(-\mu_i + \lambda_{x_i=0}) \tag{4.6}$$

式中，$\lambda_{x_i=1}(\lambda_{x_i=0})$ 为子项 $F_1(F_0)$ 的有效失效率。

考虑图 4.3 所示的桥形网络系统示例[22]。式（4.7）给出了 s 和 t 之间的路径函数，即

$$f = [x_1(x_4 \vee x_3 x_5)] \vee [x_2(x_5 \vee x_3 x_4)] \tag{4.7}$$

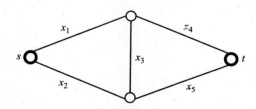

图 4.3　示例桥形网络

图 4.4 给出了该网络系统的 BDD 模型,其中汇聚节点"1"("0")表示系统可用(不可用)[25]。对 BDD 模型的评估给出了系统可用性:

$$
\begin{aligned}
A = {} & A_1 \cdot A_2 \cdot A_4 + A_1 \cdot A_2 \cdot U_4 \cdot A_5 + A_1 \cdot U_2 \cdot A_3 \cdot A_4 \\
& + A_1 \cdot U_2 \cdot A_3 \cdot U_4 \cdot A_5 + A_1 \cdot U_2 \cdot U_3 \cdot A_4 \\
& + U_1 \cdot A_2 \cdot A_3 \cdot A_4 + U_1 \cdot A_2 \cdot A_3 \cdot U_4 \cdot A_5 \\
& + U_1 \cdot A_2 \cdot U_3 \cdot A_5
\end{aligned} \tag{4.8}
$$

根据式(4.6)和式(4.8)可得,系统失效频率为

$$
\begin{aligned}
v = {} & A_1 \cdot A_2 \cdot A_4 \cdot (\lambda_1 + \lambda_2 + \lambda_4) + A_1 \cdot A_2 \cdot U_4 \cdot A_5 \cdot (\lambda_1 + \lambda_2 - \mu_4 + \lambda_5) \\
& + A_1 \cdot U_2 \cdot A_3 \cdot A_4 \cdot (\lambda_1 - \mu_2 + \lambda_3 + \lambda_4) \\
& + A_1 \cdot U_2 \cdot A_3 \cdot U_4 \cdot A_5 \cdot (\lambda_1 - \mu_2 + \lambda_3 - \mu_4 + \lambda_5) \\
& + A_1 \cdot U_2 \cdot U_3 \cdot A_4 \cdot (\lambda_1 - \mu_2 - \mu_3 + \lambda_4) \\
& + U_1 \cdot A_2 \cdot A_3 \cdot A_4 \cdot (-\mu_1 + \lambda_2 + \lambda_3 + \lambda_4) \\
& + U_1 \cdot A_2 \cdot A_3 \cdot U_4 \cdot A_5 \cdot (-\mu_1 + \lambda_2 + \lambda_3 - \mu_4 + \lambda_5) \\
& + U_1 \cdot A_2 \cdot U_3 \cdot A_5 \cdot (-\mu_1 + \lambda_2 - \mu_3 + \lambda_5)
\end{aligned} \tag{4.9}
$$

如前所述,在稳态条件下,系统成功频率等于系统失效频率。

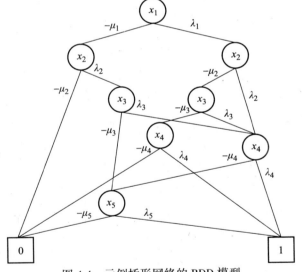

图 4.4　示例桥形网络的 BDD 模型

4.3.2　时间相关系统失效和成功频率

基于文献[22]2.2.2 节的推导,可以采用与稳态失效频率评估类似的基于 BDD 的方法来评估时间相关系统失效频率。区别在于,要分别用时间相关可用性 $A_i(t)$ 和不可用性 $U_i(t)$ 代替 A_i 和 U_i;用 $\mu'_i = \lambda_i A_i(t)/U_i(t)$ 代替式(4.6)中的 μ_i 来

计算系统失效的特定时间频率。$A_i(t)$ 和 $U_i(t)$ 可用元件的失效率和修复率通过式 (4.10) 计算,即

$$
\begin{cases}
A_i(t) = \dfrac{\lambda_i}{\lambda_i + \mu_i} e^{-(\lambda_i + \mu_i)t} + \dfrac{\mu_i}{\lambda_i + \mu_i} \\[2mm]
U_i(t) = -\dfrac{\lambda_i}{\lambda_i + \mu_i} e^{-(\lambda_i + \mu_i)t} + \dfrac{\lambda_i}{\lambda_i + \mu_i}
\end{cases}
\tag{4.10}
$$

将上述变量替换应用到式(4.9)中,可得示例桥形网络系统在特定时间 t 的失效频率为

$$
\begin{aligned}
v_{\mathrm{f}}(t) = {} & A_1(t) \cdot A_2(t) \cdot A_4(t) \cdot (\lambda_1 + \lambda_2 + \lambda_4) \\
& + A_1(t) \cdot A_2(t) \cdot U_4(t) \cdot A_5(t) \cdot (\lambda_1 + \lambda_2 - \lambda_4 A_4(t)/U_4(t) + \lambda_5) \\
& + A_1(t) \cdot U_2(t) \cdot A_3(t) \cdot A_4(t) \cdot (\lambda_1 - \lambda_2 A_2(t)/U_2(t) + \lambda_3 + \lambda_4) \\
& + A_1(t) \cdot U_2(t) \cdot A_3(t) \cdot U_4(t) \cdot A_5(t) \cdot (\lambda_1 - \lambda_2 A_2(t)/U_2(t) + \lambda_3 \\
& - \lambda_4 A_4(t)/U_4(t) + \lambda_5) + \\
& A_1(t) \cdot U_2(t) \cdot U_3(t) \cdot A_4(t) \cdot (\lambda_1 - \lambda_2 A_2(t)/U_2(t) - \lambda_3 A_3(t)/U_3(t) + \lambda_4) \\
& + U_1(t) \cdot A_2(t) \cdot A_3(t) \cdot A_4(t) \cdot (-\lambda_1 A_1(t)/U_1(t) + \lambda_2 + \lambda_3 + \lambda_4) \\
& + U_1(t) \cdot A_2(t) \cdot A_3(t) \cdot U_4(t) \cdot A_5(t) \cdot (-\mu_1 + \lambda_2 + \lambda_3 - \lambda_4 A_4(t)/U_4(t) + \lambda_5) \\
& + U_1(t) \cdot A_2(t) \cdot U_3(t) \cdot A_5(t) \cdot (-\lambda_1 A_1(t)/U_1(t) + \lambda_2 - \lambda_3 A_3(t)/U_3(t) + \lambda_5)
\end{aligned}
$$

$$\tag{4.11}$$

类似地,为计算系统在特定时间 t 的成功频率 $v_{\mathrm{s}}(t)$,应用 $\lambda'_i = \mu_i U_i(t)/A_i(t)$ 代替式(4.6)中的 λ_i。

4.4　重要度分析

重要度分析有助于识别哪些元件对系统失效或缺陷的影响最大[61,120,128]。元件的重要度分为两类:确定性(或结构性)重要度和概率性重要度[129]。

4.4.1　确定性重要度

确定性或结构性重要度通过元件在系统结构中的位置来评估其对系统运行或失效的重要性,而不考虑元件的可靠性/可用性。因此,即使元件可靠性/可用性未知或是动态变化的,也可以使用。然而,结构性重要度不能区分所处位置结构相近但元件概率差别很大的元件。

关键系统状态是重要度研究中的一个基本概念。假设系统包含 m 个元件,则元件 i 的关键系统状态(Critical System State,CSS)是剩余 $m-1$ 个元件的状态,在这种状态下元件 i 的失效将直接导致系统从运行状态变为失效状态。元件 i 的结构性重要度为

$$I^S(i) = \frac{\text{元件 } i \text{ 的 CSS 数}}{\text{剩余}(m-1)\text{ 个组件的状态总数}} \qquad (4.12)$$

考虑一个包含四个元件的简单系统,其失效原因如图 4.5 中的故障树模型所示。假设各元件的失效概率分别为:$q_A = 0.02$,$q_B = 0.04$,$q_C = 0.06$,$q_D = 0.05$。

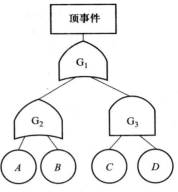

图 4.5 一个简单的故障树示例

依次考虑每个元件,可以通过建立一个包含剩余系统元件所有可能状态的表格确认各元件的 CSS。在这些状态中,能够导致系统失效的元件失效状态即为元件的 CSS。表 4.1 和表 4.2 分别表示了以元件 A 和元件 C 为考虑对象的情况。由于系统结构的对称性,元件 B 与元件 A 的 CSS 数量相同;元件 D 与元件 C 的 CSS 数量相同。

表 4.1 元件 A 的 CSS 分析

序号	剩余三个元件的状态			是否是 A 的 CSS
	B	C	D	
1	运行	运行	运行	是
2	运行	运行	失效	是
3	运行	失效	运行	是
4	运行	失效	失效	否
5	失效	运行	运行	否
6	失效	运行	失效	否
7	失效	失效	运行	否
8	失效	失效	失效	否

表 4.2 元件 C 的 CSS 分析

序号	剩余三个元件的状态			是否是 C 的 CSS
	A	B	D	
1	运行	运行	运行	否
2	运行	运行	失效	是
3	运行	失效	运行	否
4	运行	失效	失效	否
5	失效	运行	运行	否

序号	剩余三个元件的状态			是否是 C 的 CSS
	A	B	D	
6	失效	运行	失效	否
7	失效	失效	运行	否
8	失效	失效	失效	否

根据式（4.12），系统四个元件的结构性重要度分别为：$I^s(A) = I^s(B) = 3/8$，$I^s(C) = I^s(D) = 1/8$，因此各元件的重要性顺序为 $A = B > C = D$。

4.4.2 概率性重要度

概率性重要度不仅考虑元件在系统结构中的位置，还考虑所讨论元件的可靠性/可用性，因此，这一度量通常可以提供比结构性重要度更有用的信息。

概率性重要度有许多不同种类，每类都采用不同的方法计算各元件对顶（TOP）事件（系统失效）的影响顺序[45,120,130-132]。这里以元件 Birnbaum 重要度、关键重要度系数和 Fussell-Vesely 重要度为例进行介绍。

4.4.2.1 Birnbaum 重要度

Birnbaum 重要度 $I^{BM}(i)$ 定义为元件 i 对系统失效起决定性作用的概率，或者对元件 i 来说系统处于决定性状态的概率，在这种状态下其失效将导致系统失效[133]。

对于图 4.5 所示的示例系统，基于 CSS 的定义，四个元件的 Birnbaum 重要度为

$$\begin{cases} I^{BM}(A) = (1 - q_B)(1 - q_C)(1 - q_D) + (1 - q_B)(1 - q_C)(q_D) \\ \qquad + (1 - q_B)(q_C)(1 - q_D) = 0.957 \\ I^{BM}(B) = (1 - q_A)(1 - q_C)(1 - q_D) + (1 - q_E)(1 - q_C)(q_D) \\ \qquad + (1 - q_A)(q_C)(1 - q_D) = 0.977 \\ I^{BM}(C) = (1 - q_A)(1 - q_B)(q_D) = 0.047 \\ I^{BM}(D) = (1 - q_A)(1 - q_B)(q_C) = 0.056 \end{cases} \qquad (4.13)$$

因此采用 Birnbaum 重要度得到的元件重要性顺序为 $B > A > D > C$。

虽然可以使用基于 CSS 的列表方法来评估结构性和 Birnbaum 重要度，但是对于具有大量元件的实际系统来说，这种方法变得不切实际。计算 Birnbaum 重要度的其他方法为

$$I^{BM}(i) = \frac{\partial Q_{sys}}{\partial q_i} \qquad (4.14)$$

和

$$I^{\text{BM}}(i) = Q_{\text{sys}}(1_i,q) - Q_{\text{sys}}(0_i,q) \tag{4.15}$$

式中, q 为除了元件 i 以外, 其余所有元件的不可用性或不可靠性向量; $Q_{\text{sys}}(1_i,q)$ 为元件 i 失效时系统失效的概率; $Q_{\text{sys}}(0_i,q)$ 为元件 i 正常工作时系统失效的概率。

采用基于 BDD 的方法(见第 3 章), 图 4.6 是与图 4.5 所示的故障树对应的 BDD 模型。

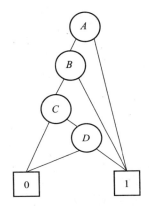

图 4.6　图 4.5 所示故障树对应的 BDD 模型

BDD 评估给出了用于计算示例系统失效概率的表达式:

$$Q_{\text{sys}} = q_A + (1 - q_A)q_B + (1 - q_A)(1 - q_B)q_C q_D \tag{4.16}$$

举例说明, 采用式(4.14)的方法得到元件 A 的 Birnbaum 重要度的计算公式为

$$
\begin{aligned}
I^{\text{BM}}(A) &= \frac{\partial Q_{\text{sys}}}{\partial q_A} \\
&= \frac{\partial(q_A + (1 - q_A)q_B + (1 - q_A)(1 - q_B)q_C q_D)}{\partial q_A} \\
&= 1 - q_B - (1 - q_B)q_C q_D = 0.957
\end{aligned} \tag{4.17}
$$

采用式(4.15)的方法得到元件 A 的 Birnbaum 重要度的计算公式为

$$
\begin{aligned}
I^{\text{BM}}(A) &= Q_{\text{sys}}(1_A,q) - Q_{\text{sys}}(0_A,q) \\
&= 1 - (q_B + (1 - q_B)q_C q_D) \\
&= (1 - q_B)(1 - q_C q_D) = 0.957
\end{aligned} \tag{4.18}
$$

同理, 元件 B、C、D 的 Birnbaum 重要度也可由式(4.14)或式(4.15)计算得到, 并且计算结果与式(4.13)相同。

4.4.2.2　关键重要度系数

元件 i 的关键重要度系数(Criticality Importance Factor, CIF)是指由于系统对元件 i 处于临界状态和元件 i 失效对系统失效概率的贡献, 其数学定义为

$$I^{CIF}(i) = \frac{q_i}{Q_{sys}}I^{EM}(i) \tag{4.19}$$

根据式(4.16),图 4.5 所示示例系统的失效概率为

$$Q_{sys} = q_A + (1 - q_A)q_B + (1 - q_A)(1 - q_B)q_Cq_D$$
$$= 0.062 \tag{4.20}$$

则四个元件的 CIF 为

$$\begin{cases} I^{CIF}(A) = \dfrac{q_A}{Q_{sys}}I^{BM}(A) = \dfrac{0.02}{0.062}0.957 = 0.309 \\[3mm] I^{CIF}(B) = \dfrac{q_B}{Q_{sys}}I^{BM}(B) = \dfrac{0.04}{0.062}0.977 = 0.630 \\[3mm] I^{CIF}(C) = \dfrac{q_C}{Q_{sys}}I^{BM}(C) = \dfrac{0.05}{0.062}0.047 = 0.045 \\[3mm] I^{CIF}(D) = \dfrac{q_D}{Q_{sys}}I^{BM}(D) = \dfrac{0.05}{0.062}0.056 = 0.045 \end{cases} \tag{4.21}$$

因此,采用 CIF 得到的元件重要性顺序为 $B>A>C=D$。对于上述例子,CIF 计算结果表明连接到同一与门(并行配置)的元件具有相同重要性,而与元件概率的差异无关。

4.4.2.3 Fussell-Vesely(FV)重要度

元件 i 的 FV 重要度为所有包含元件 i 的最小割集并集的概率与系统失效概率之比,即

$$I^{FV}(i) = \frac{\Pr\{ \cup_{i \in C_j} C_j \}}{Q_{sys}} \tag{4.22}$$

考虑图 4.5 所示的故障树示例。应用 2.3.4.1 节中自顶向下的方法,可得示例系统的最小割集为:$C_1 = \{A\}$, $C_2 = \{B\}$, $C_3 = \{C,D\}$。根据式(4.22),四个元件的 FV 重要度为

$$\begin{cases} I^{FV}(A) = \dfrac{q_A}{Q_{sys}} = \dfrac{0.02}{0.062} = 0.323 \\[3mm] I^{FV}(B) = \dfrac{q_B}{Q_{sys}} = \dfrac{0.04}{0.062} = 0.645 \\[3mm] I^{FV}(C) = \dfrac{q_Cq_D}{Q_{sys}} = \dfrac{0.06 * 0.05}{0.062} = 0.048 \\[3mm] I^{FV}(D) = \dfrac{q_Cq_D}{Q_{sys}} = \dfrac{0.06 * 0.05}{0.062} = 0.048 \end{cases} \tag{4.23}$$

因此采用 FV 重要度得到的元件重要性顺序为 $B>A>C=D$。

4.5 模块化分析方法

文献[76]提出了一种称为模块化方法的混合方法,用于大型系统故障树的有效分析。通过模块化(检测独立子树或模块),该方法允许对系统的动态部分采用适合的马尔可夫模型,而对系统的静态部分采用有效的组合方法以尽可能发挥其效率。

具体来说,在模块化方法中,使用文献[134]中所述的一种快速高效的算法,将系统故障树划分为独立的模块或子树(不共享输入事件的子树)。根据这些独立的子树输入事件之间的关系进一步将其确定为静态或动态。静态子树门根据逻辑与/或的事件组合来表达失效标准(见 2.3.3.1 节)。动态子树门根据事件组合以及输入事件发生的顺序或相关性共同表达失效标准(见 2.3.3.2 节)。

图 4.7 表示了一个示例计算机系统的故障树模型,该系统由两个主处理器 P_1 和 P_2 以及它们共享的热备份处理器 P_s 组成。有 5 个存储模块 $M_i(i=1,2,3,4,5)$,仅能通过存储器接口单元(Memory Interface Units,MIU)访问。具体来说,模块 M_1 和模块 M_2 可以通过 MIU_1 访问;模块 M_4 和模块 M_5 可以通过 MIU_2 访问;模块 M_3 可以通过 MIU_1 或 MIU_2 访问。这些存储器模块和相应的 MIU 之间的功能依赖关系可以采用 2.3.3.2 节介绍的 FDEP 门来建模。该系统的运行需要三个处理器中的至少一个,5 个存储器模块中的至少三个,两个冗余总线中的至少一个以及对 I/O 的正确操作。应用模块化方法,如图 4.7 所示,故障树被分为四个独立的子树:两个静态子树和两个动态子树。静态子树可以采用基于 BDD 的有效、组合方法求解;动态子树可以采用基于马尔可夫链的方法求解。

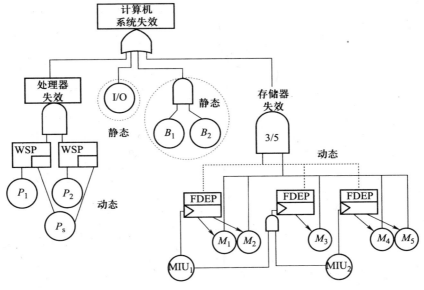

图 4.7 模块化方法示例(改编自文献[135])

需要注意模块化过程是递推的,因为一个子树本身也可能包含几个独立的子树[76]。使用直接和递推的算法来整合不同独立子树的解,以得到整个系统失效概率的最终解。

4.6 非单调关联系统

如 2.3.3.3 节所述,非单调关联系统能够通过元件的失效而从失效状态转变到运行状态,或者通过元件的修复而从运行状态转换到失效状态。非单调关联系统故障树中通常包含反向门,特别是异或门和非门(参见图 2.7)。

非单调关联系统通常应用在资源有限、多任务和安全控制应用等系统中[65-68,136,137]。举例说明,在 n 中取 $k \sim l$ 多处理器系统中,I/O、存储器和总线等资源由许多处理器共享[65]。当运行处理器的数量小于 k 时,系统无法以最高性能运行;另外,当运行处理器的数量超过 $l > k$ 时,由于总线带宽有限导致信号拥堵,系统效率也可能受影响。在 FTA 中将这两种极端情况都认定为系统失效。

4.6.1 基于质蕴含的方法

评估非单调关联系统失效概率的传统方法是基于质蕴含的方法,如同在单调关联(coherent)静态故障树分析中所采用的最小割集方法[84]。质蕴含是一个基本事件的最小集合,其中这些基本事件的发生或不发生将导致顶事件(系统不可用)的发生。与采用最小割集的 FTA(见 2.3.5 节)类似,可以将 I-E 或 SDP 方法应用在基于质蕴含的方法中来求解系统失效概率。

例 4.1 考虑包含一个异或(XOR)门的非单调关联故障树,x 和 y 为 XOR 的两个输入(图 4.8)。图 4.9 表示了使用非门构建的等效故障树。

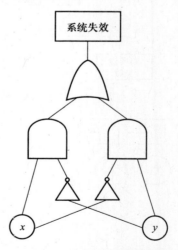

图 4.8 采用异或门构建的非单调关联系统故障树

图 4.9 采用非门构建的等效非单调关联系统故障树

在这个例子中共有两个质蕴含: $I_1 = \{x, \bar{y}\}$ 和 $I_2 = \{\bar{x}, y\}$。采用 I-E 方法可得系统失效概率为

$$
\begin{aligned}
UR_{sys} &= \Pr(I_1 \cup I_2) = \Pr(I_1) + \Pr(I_2) - \Pr(I_1 I_2) \\
&= \Pr(x\bar{y}) + \Pr(\bar{x}y) - \Pr(x\bar{y}\bar{x}y) \\
&= \Pr(x)\Pr(\bar{y}) + \Pr(\bar{x})\Pr(y) - 0 \\
&= \Pr(x)(1 - \Pr(y)) + (1 - \Pr(x))\Pr(y) \\
&= q_x p_y + p_x q_y
\end{aligned}
\tag{4.24}
$$

式中, $q_x(q_y)$ 和 $p_x(p_y)$ 分别为事件 $x(y)$ 发生和不发生的概率。注意到式(4.24)中 $\Pr(I_1 I_2) = 0$, 因为 $I_1 I_2$ 中包含不相交事件: x 和 $\bar{x}$; y 和 $\bar{y}$。

例 4.2 考虑如图 4.10 所示的在两条单向道路的交叉路口处使用的信号灯系统[66,138], 假设信号灯正常工作, 道路 1 为红灯, 道路 2 为绿灯。定义了关于三辆车 A、B、C 的三个基本事件 a、b、c:

事件 a: 车辆 A 刹车失灵;

事件 b: 车辆 B 刹车失灵;

事件 c: 车辆 C 启动失败。

事件 $i \in \{a, b, c\}$ 发生的概率为 q_i, 不发生的概率为 p_i。

此系统有三种导致事故发生的事件组合, 这些组合称为质蕴含, 其定义如下:

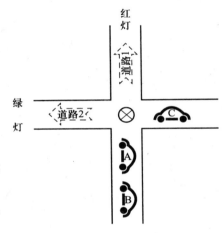

图 4.10　信号灯系统示例

$I_1 = \{a, \bar{c}\}$: 车辆 A 刹车失灵 (a) 并且车辆 C 沿着道路 2 驶向交叉路口 $(\bar{c})$;

$I_2 = \{\bar{a}, b\}$: 车辆 A 正常停车 $(\bar{a})$ 而车辆 B 刹车失灵 (b);

$I_3 = \{b, \bar{c}\}$: 车辆 B 刹车失灵 (b) 并且车辆 C 驶向交叉路口 $(\bar{c})$, 与车辆 A 的状态无关。

利用 I-E 方法, 交通事故发生的概率为

$$
\begin{aligned}
&\Pr(I_1 \cup I_2 \cup I_3) \\
&= \Pr(I_1) + \Pr(I_2) + \Pr(I_3) - \Pr(I_1 I_2) - \Pr(I_1 I_3) \\
&\quad - \Pr(I_2 I_3) + \Pr(I_1 I_2 I_3) \\
&= \Pr(a\bar{c}) + \Pr(\bar{a}b) + \Pr(b\bar{c}) - 0 - \Pr(a\bar{c}b\bar{c}) \\
&\quad - \Pr(\bar{a}bb\bar{c}) + 0 \\
&= q_a p_c + p_a q_b + q_b p_c - q_a q_b p_c - p_a q_b p_c
\end{aligned}
\tag{4.25}
$$

4.6.2 基于 BDD 的方法

采用基于 BDD 的方法评估非单调关联故障树比采用基于质蕴含的方法更有效。第 3 章中介绍的 BDD 方法可以直接应用于非单调关联 FTA,仅需增加对逻辑非的表达。特别地,使用 BDD 对未发生的事件建模时,可以简单地交换两个终端节点(汇聚节点)"1"和"0"。

考虑 4.6.1 节中的例 4.1。图 4.11 分别给出了表示 x 发生、表示 y 不发生和对应图 4.9 中左侧与门的 BDD;图 4.12 分别给出了表示 x 不发生、表示 y 发生以及对应图 4.9 中右侧与门的 BDD。最后,应用式(3.3)的规则组合图 4.11 和图 4.12 的BDD,以得到系统最终的 BDD,如图 4.13 所示。在上述 BDD 的生成过程中采用的变量排序为 $x<y$。

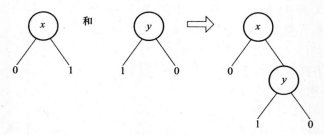

图 4.11　图 4.9 中左侧与门的 BDD

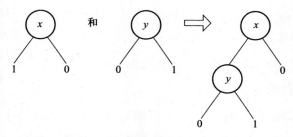

图 4.12　图 4.9 中右侧与门的 BDD

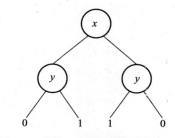

图 4.13　图 4.9 中故障树对应的 BDD

与传统的 BDD 模型类似,右边(或 1 边)与事件的发生概率 q 相关;左边(或 0 边)与事件的不发生概率 p 相关。应用 3.4 节中的 ROBDD 评估方法,可由从根节点 x 到汇聚节点"1"的两条路径的概率之和得到例 4.1 的系统失效概率为

$$UR_{sys} = q_x p_y + p_x q_y \tag{4.26}$$

4.7　不相交失效

不相交失效(也称为互斥失效)是指不能同时发生的失效事件。例如,继电器的两个故障模式"卡在打开状态"和"卡在关闭状态"不能同时发生。一种解决方案是使用统计独立的事件来近似故障树模型中的不相交事件,因此,基于割集方法中的一个最小割集或基于 BDD 方法中的一个路径可以包含不止一个不相交事件,导致不可靠性定量评估的错误,尽管误差通常不显著。

作为一种准确的方法,文献[139]通过将每一不相交事件转换为一个使用逻辑或、与和非门的,由统计独立的事件构成的子树来对其进行建模。

考虑一个包含两个失效事件 D_1 和 D_2 的示例故障树,其表示了事件 D 的两种不相交失效模式(图 4.14)。B 和 C 表示两个独立的失效事件。图 4.14 表示方法实际上不能反映事件 D_1 和 D_2 之间的互斥关系,基于它的系统可靠性

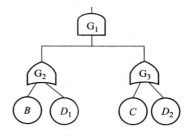

图 4.14　未建模不相交失效的故障树

评估可能导致可靠性计算的误差,已在最小割集生成过程中得到体现。

应用 2.3.4 节中介绍的自上而下的方法,可得到图 4.14 中故障树的最小割集为:$\{D_1,C\}$、$\{D_2,B\}$、$\{B,C\}$ 和 $\{D_1,D_2\}$。由于在 FTA 中未对不相交事件之间的相斥关系进行建模,因此会得到错误的最小割集 $\{D_1,D_2\}$。

在文献[139]中,将原系统故障树模型中的每个不相交事件都用不相交的子树代替。例如,图 4.15 表示了对图 4.14 所示的故障树进行替换后得到的新故障树。

具体来说,图 4.14 中的事件 D_1 被替换为对布尔表达式 $D_1 = A \cap A_1$ 进行编码的子树,事件 D_2 被替换为对布尔表达式 $D_2 = A \cap \overline{A_1}$ 进行编码的子树,其中 A 和 A_1 是任意的独立事件且 $A = D_1 \cup D_2$。由于新故障树包含非门,故其为非单调关联故障树,基于质蕴含的方法(见 4.6.1 节)或基于 BDD 的方法(见 4.6.2 节)均可用来评估系统失效概率。例如,如果采用前一种方法,将生成 $\{B,C\}$、$\{A,A_1,C\}$ 和 $\{A,\overline{A_1},B\}$ 三个质蕴含。注意,采用自上而下的生成方法(见 2.3.4 节)会得到集合 $\{A,A_1,\overline{A_1}\}$,但由于其中同时包含 A_1 和 $\overline{A_1}$,故可将其自动删除。

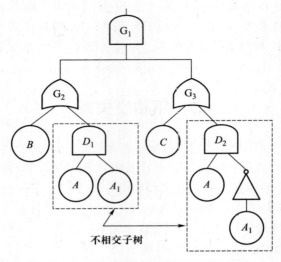

图 4.15 用不相交子树改进的故障树

一般来说,给定 n 个不相交事件集合 $\{D_1, D_2, \cdots, D_n\}$,每个事件 D_i 的发生概率为 π_i。为了构造 n 个发生概率也为 π_i 的不相交子树,引入 n 个独立的随机事件:$\{A, A_1, \cdots, A_{n-1}\}$,其中 $A = \bigcup_{i=1}^{n} D_i$,$\{A_1, A_2, \cdots, A_{n-1}\}$ 为任意事件。通过按如下方法连续地利用 $A_1, A_2, \cdots, A_{n-1}$ 分割事件/集合 A 来构造不相交事件 $\{D_1, D_2, \cdots, D_n\}$:

$$
\begin{cases}
D_1 = A \cap A_1 \\
D_2 = A \cap \overline{A_1} \cap A_2 \\
\vdots \\
D_{n-1} = A \cap \overline{A_1} \cap \cdots \cap \overline{A_{n-2}} \cap A_{n-1} \\
D_n = A \cap \overline{A_1} \cap \cdots \cap \overline{A_{n-2}} \cap \overline{A_{n-1}}
\end{cases} \tag{4.27}
$$

一般来说,每个不相交事件 D_k 被替换为对布尔函数 $D_k = A \cap \overline{A_1} \cap \cdots \cap \overline{A_{k-1}} \cap A_k$ 进行编码的子树,其中包含一个与门和 $k-1$ 个非门。可以对 D_k 应用 De Morgan 定律来减少逻辑门的数量,即

$$
\begin{aligned}
D_k &= A \cap (\overline{A_1} \cap \cdots \cap \overline{A_{k-1}}) \cap A_k \\
&= A \cap (\overline{A_1 \cup A_2 \cup \cdots \cup A_{k-1}}) \cap A_k
\end{aligned} \tag{4.28}
$$

对式 (4.28) 进行建模的子树只需要三个逻辑门:一个与门,一个或门和一个非门。由于非门的引入,新的故障树变为非单调关联故障树。

式 (4.29) 定义了集合 $\{A, A_1, \cdots, A_{n-1}\}$ 中各独立事件的概率,其中各子树的发生概率与对应的不相交事件发生概率相同[139],即

$$\begin{cases} \alpha = \Pr(A) = \Pr\left(\bigcup_{i=1}^{n} D_i\right) = \sum_{i=1}^{n} \Pr(D_i) = \sum_{i=1}^{n} \pi_i \\[2mm] p_1 = \Pr(A_1) = \dfrac{\pi_1}{\alpha} \\[2mm] p_2 = \Pr(A_2) = \dfrac{\pi_2}{\alpha(1 - p_1)} = \dfrac{\pi_2}{\alpha - \pi_1} \\[2mm] \vdots \\[2mm] p_k = \Pr(A_k) = \dfrac{\pi_k}{\pi_{k-1}}\left(\dfrac{p_{k-1}}{1 - p_{k-1}}\right) = \dfrac{\pi_k}{\alpha - \sum\limits_{j=1}^{k-1} \pi_j} \end{cases} \qquad (4.29)$$

这些概率用于基于质蕴含的方法(见 4.6.1 节)或基于 BDD 的方法(见 4.6.2 节)生成的非单调关联故障树(通过子树替换得到)的定量评估,以计算系统不可靠性。

4.8 相 关 失 效

在传统系统可靠性分析中一个常用假设是所有系统元件的失效间相互独立,然而,这在许多实际系统中并不满足。

一般来说,系统元件之间存在两种相关类型:正相关和负相关[45]。正相关是指一个元件的失效会导致另一个系统元件失效概率增加,通常发生在共享负载的系统中。具体来说,当几个系统元件一起分担公共负载时,一个元件的失效可能导致其余系统元件的负载增加,从而增大了这些剩余工作元件失效的可能性[140]。负相关是指一个元件的失效会导致另一个系统元件失效概率降低。例如,当熔断丝熔断而切断下游电路时,电路中的电气装置上的负载被移除,从而减小了这些装置失效的可能性。

从数学上来说,考虑定义在同一系统中的两个事件 E_1 和 E_2。若 $\Pr(E_1 \cap E_2) = \Pr(E_1)\Pr(E_2)$,或者若 $\Pr(E_1 \mid E_2) = \Pr(E_1)$ 且 $\Pr(E_2 \mid E_1) = \Pr(E_2)$,则称 E_1 和 E_2 是统计独立的,即一个事件的发生对另一事件的发生没有影响。当 $\Pr(E_1 \mid E_2) > \Pr(E_1)$ 且 $\Pr(E_2 \mid E_1) > \Pr(E_2)$,使得 $\Pr(E_1 \cap E_2) > \Pr(E_1)\Pr(E_2)$ 时发生正相关;当 $\Pr(E_1 \mid E_2) < \Pr(E_1)$ 且 $\Pr(E_2 \mid E_1) < \Pr(E_2)$,使得 $\Pr(E_1 \cap E_2) < \Pr(E_1)\Pr(E_2)$ 时发生负相关。

下面的小节中,介绍了共因失效和功能相关失效的两个相关失效的例子。

4.8.1 共因失效(CCF)

根据文献[141],CCF 定义为"由于某个共同原因导致两个或两个以上元件同时或在一个很短的时间区间内发生失效"。失效原因分两类:外部原因(如设计错误、雷击、飓风、环境突变、电源干扰等)和内部原因(如源自系统内某些元件的传播失效)[50]。CCF通常发生在设计有使用多个统计相同元件进行容错冗余的系统中[142,143]。因为未考虑CCF会低估系统的不可靠性,所以在系统可靠性分析中加入对CCF影响的分析是十分重要的[144-146]。

对于受CCF影响的系统分析已有大量的研究成果。现有的方法大致分为显式方法和隐式方法两类:显式方法涉及对一个扩展系统模型的构建和评估,通过将每个共因的发生作为一个基本事件进行建模,这一基本事件由原系统模型中受该共因影响的所有失效事件所共享[147-149];隐式方法首先在不考虑CCF影响的情况下建立系统模型,然后在评估所生成的系统模型过程中通过一些特别的操作或方法来包含CCF的影响[28,144,150-153]。

作为说明隐式方法的例子,基于BDD的有效分解和聚合(Efficient Decomposition and Aggregation, EDA)方法被开发并扩展用于不同类型系统的CCF分析,例如,计算机网络系统[150]、多阶段任务系统[28]、动态系统[152]和分层系统[153]。EDA方法的基本思想是:基于全概率法将原系统可靠性问题分解为多个简化的问题;然后可以使用忽略CCF的可靠性分析方法(如基于BDD的方法)解决这些简化后的问题;最终的系统可靠性是通过整合简化问题的分析结果得到的。EDA方法具有通用性,因为它可以处理具有不同统计关系(互斥、统计独立和统计相关)的多个共因和不同共因对系统元件的不同子集造成影响的情况。

下面介绍EDA方法的基本步骤。

(1) 构造一个共因事件(Common-Cause Event, CCE)空间。假设所考虑的系统受 m 种不同共因(Common-Cause, CC)的影响,这些CC将事件空间划分为 2^m 个不相交的子集,称为CCE,其表达式为

$$
\begin{cases}
CCE_1 = \overline{CC_1} \cap \overline{CC_2} \cap \cdots \cap \overline{CC_m} \\
CCE_2 = CC_1 \cap \overline{CC_2} \cap \cdots \cap \overline{CC_m} \\
\vdots \\
CCE_{2^m} = CC_1 \cap CC_2 \cap \cdots \cap CC_m
\end{cases}
\tag{4.30}
$$

(2) 生成和求解简化的可靠性问题。基于在上一步中构建的CCE空间和全概率法,对存在CCF的系统的不可靠性评估为

$$
UR_{sys} = \sum_{i=1}^{2^m} (\Pr(系统故障 \mid CCE_i) * \Pr(CCE_i))
$$

$$
= \sum_{i=1}^{2^m} (UR_i * \Pr(CCE_i))
\tag{4.31}
$$

式(4.31)中的 UR_i 表示在 CCE_i 事件发生的前提下系统失效发生的条件概率。UR_i 的评估本质上是一个简化的可靠性分析问题,其中将受 CCE_i 事件影响的元件集合从系统模型中移除。更重要的是,这些简化问题的评估可以独立地(假设计

算资源足够的情况下可并行地)进行而不需考虑 CCF。

（3）整合得到最终的系统不可靠性结果。在得到所有简化问题 UR_i 的结果后,基于式(4.31)将它们与 CCE 的发生概率结合以得到最终的系统不可靠性。

概率性 CCF(PCCF)通过允许受同一共因影响的不同元件可产生不同结果来扩展传统 CCF 的概念[154,155]。具体来说,将共因集(Common Cause Group,CCG)定义为包含受同一个 CC 影响的所有元件的集合。CC 对其 CCG 的影响可以是确定性的或概率性的,分别对应于传统 CCF 和 PCCF。在传统 CCF 模型中,一个 CC 导致对应 CCG 中所有系统元件的确定性失效;而在 PCCF 模型下,一个 CC 将会使属于同一个 CCG 的不同元件的失效具有不同的发生概率。考虑一个在不同地点安装了多个气体探测器的生产车间[156],这些探测器可能是在不同时间和从不同的供应商处购买的,因此,它们对湿度的耐受水平不同。在车间中湿度增大这一可能共因的影响下,不同的气体探测器会以不同的概率发生失效。在系统可靠性分析中用于考虑 PCCF 的显式和隐式方法可参见文献[51]。

4.8.2　功能相关失效

功能相关是指一个元件的失效(称为触发事件)导致其他系统元件(称为相关元件)变得不可访问或不可用,在动态故障树分析中通过 FDEP 门来对其建模(见 2.3.3.2 节)。

当所分析的系统具有完全故障覆盖时,可以简单地通过在系统故障树模型中用或门代替 FDEP 门处理功能相关行为[157]。这种替换方法能够起作用的原因是关联元件发生失效只有两种情况,即自身失效或者出现能够导致其失效的触发事件的失效。替换后,包含 FDEP 门的原系统模型转变为静态故障树,然后可采用基于 BDD 的方法来进行分析。

然而,或门替换法不适用于具有不完全故障覆盖的系统,具有不完全故障检测、定位或恢复机制的容错系统均属于此类。尽管具有足够的冗余,未覆盖的元件故障仍可以在此类系统中传播并且导致整个系统的失效(见第 7 章)[158]。如果采用或门替换法,即使 FDEP 组的相关元件由于其对应的触发事件的发生已经与系统断开连接,但其仍会对系统未覆盖失效造成影响。需要指出的是,由于这些相关元件已断开(隔离),其未覆盖的故障并不会真正地传播而使系统失效。因此,或门替代法若用于不完全故障覆盖系统将得到偏高的不可靠性结果。

文献[158]提出了一种基于 BDD 的组合方法,来克服或门替换法在具有功能相关失效和不完全故障覆盖的系统的可靠性分析时存在的问题。该方法能够成功地关闭已断开的相关元件,使其无法对系统未覆盖故障造成影响,也可以灵活地处理服从任意失效-时间分布的元件。该方法还适用于处理级联效应,即"由系统中一个元件失效导致的链式反应或多米诺效应而引发多个元件失效"。级联失效效应常见于电网中,当一个设备故障或性能降低时,其负载会转移到同一系统的附近元件中,可能使得这些附近元件的负载超过其容量而损坏,且须将它们的负载继续转移到其他元件上,依此类推[159]。级联失效可以通过在系统故障树建模中使用多个级联 FDEP 门,并且采用文献[158]中提出的基于 BDD 的方法进行进一步分析。此外,在文献[160]中表明基于 BDD 的方法也适用于处理作为级联效应的一种特殊情况的 FDEP 循环。

在受到功能相关失效影响的系统中,在导致失效隔离效应的触发器元件失效以及源于对应相关元件的传播失效而引起的失效传播效应之间,可能存在时域竞争。不同的发生顺序会对系统状态产生不同的影响,这一点可通过竞争失效分析解决。上述内容可参见文献[161,162]中的二态系统、文献[163,164]中的多状态系统、文献[165]中的多阶段任务系统和文献[166]中的多触发事件系统的竞争失效分析方法。

第5章 多阶段任务系统

多阶段任务系统(Phased-Mission Systems,PMS)是指包含有多个必须按顺序完成的、不重叠的操作阶段或任务阶段的系统[167,168],现有的 PMS 可靠性分析方法主要有仿真和分析建模两类[169]。仿真方法通常对于系统表示而言通用性很好,但是这些方法一般计算量较大,并且只能得到系统可靠性测量的近似结果[170,171]。分析建模技术实现了系统表示的灵活性、解决方案的准确性和易用性的理想组合,因此吸引了大量学者进行研究[26,49,50,172-185]。现有的分析建模方法可以分为三类:基于状态空间的模型[174-178]、组合方法[50,172,173,26,49,179-181]及将前两类方法进行适当结合得到的阶段模块化方法[182-185]。关于 PMS 可靠性分析的各种分析建模技术的最新进展可参见文献[169]。

本章重点介绍一种组合分析方法,利用 BDD 和布尔代数对不可修复的 PMS 进行有效的可靠性分析。

5.1 系统描述

与单阶段系统相比,PMS 分析的复杂性主要有两方面原因:动态行为和阶段相关性。具体来说,因为一个 PMS 在不同阶段必须完成不同的指定任务,并且可能对应不同的应力、环境条件和可靠性要求,系统配置、失效标准以及元件行为也可能随阶段而变化。

一个典型的例子是飞机的飞行过程,涉及滑行、起飞、上升、水平飞行、下降和着陆等阶段[186-188]。考虑具有多个发动机的飞机,由于在起飞阶段飞机承受着巨大的应力,所以在此阶段通常需要所有的发动机均正常工作。在其他阶段中,虽然理想状态是所有发动机都正常,但实际上仅需要部分发动机正常就可完成阶段任务。此外,发动机在起飞阶段故障的可能性更大,因为与飞行过程中的其他阶段相比,发动机通常在起飞阶段受到的应力作用更大[188]。

在系统可靠性分析中,这些动态行为通常需要对 PMS 的每个阶段建立不同的模型[174,175,178-180],需要对所有阶段的可靠性结果进行复杂的整合来确定整个任务的可靠性。

某个给定元件在不同阶段之间具有统计相关性使 PMS 的分析更加复杂。具体来说,在不可修复的 PMS 中,某个元件在一个阶段开始时的状态应该与其在前一个阶段结束时的状态相同。

本章讨论了基于 BDD 考虑上述动态和相关性的 PMS 分析方法,在此方法中做出如下假设:

（1）元件失效在每个阶段内是统计独立的。对于给定元件在不同阶段和失效模式之间会出现相关性。

（2）阶段的持续时间是确定的。

（3）系统及其元件在任务期间不可修复。

（4）系统是相干（单调关联）的，即每个元件都对系统状态有影响，当元件失效数增加时系统状态会恶化，或者至少不会改善。

5.2　阶段代数规则

阶段代数规则使用布尔代数规则处理给定元件在不同阶段间的相关性[180,189]。考虑具有 m 个阶段的 PMS 中的一个元件 A，它与一组布尔变量 $\{A_i, i=1,2,\cdots,m\}$ 相关联，对应于任务的 m 个阶段。$A_i=1$ 表示元件 A 在阶段 i 失效；$A_i=0$ 表示元件 A 在阶段 i 运行。阶段代数的规则如表 5.1 所列。

表 5.1　相代数规则（$i<j$）

$\overline{A_i} \cdot \overline{A_j} \rightarrow \overline{A_j}$	$A_i \cdot A_j \rightarrow A_j$
$A_i \cdot A_j \rightarrow A_i$	$\overline{A_i} \cdot \overline{A_j} \rightarrow \overline{A_i}$
$A_i \cdot \overline{A_j} \rightarrow 0$	$\overline{A_i} \cdot A_j \rightarrow 1$

"$\overline{A_i} \cdot \overline{A_j} \rightarrow \overline{A_j}$"：事件"$A$ 在阶段 i 和之后的阶段 j 运行"等价于"A 在之后的阶段 j 运行"。

"$A_i \cdot A_j \rightarrow A_i$"：事件"$A$ 在阶段 i 和之后的阶段 j 失效"等价于"A 在阶段 i 失效"。

"$A_i \cdot \overline{A_j} \rightarrow 0$"：事件"$A$ 在阶段 i 失效而在之后的阶段 j 运行"对于不可修复的 PMS 不可能发生。

在表 5.1 右列的三个规则是左列规则的互补形式。这些规则的证明是基于小元件[179]概念完成的[26]。需要注意的是，阶段代数规则不考虑 $\overline{A_i} \cdot A_j$ 和 $A_i + \overline{A_j}$ 这两种组合[26,169]，$\overline{A_i} \cdot A_j$ 表示 A 在阶段 i 始终运行，然后在阶段 j 中失效（失效发生在阶段 i 结束到阶段 j 结束期间的某个时间）；而不考虑元件修复的情况下 $A_i + \overline{A_j}$ 没有物理意义。

5.3 节将讨论阶段代数规则用于处理在 BDD 生成和 PMS 评估期间，同一个元件的变量在不同阶段之间的统计相关性。

5.3　基于 BDD 的多阶段任务系统分析方法

基于 BDD 的 PMS 可靠性分析方法包括四个主要步骤：①对输入变量排序；

②为 PMS 的每个阶段生成一个 BDD;③将单阶段 BDD 结合生成整个 PMS 的 BDD;④评估 PMSBDD 得到系统可靠性。下面将以图 5.1 所示的 PMS 为例详细介绍每个步骤。

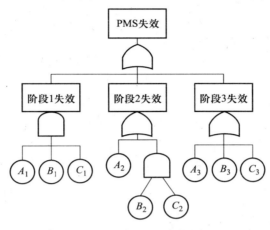

图 5.1　一个 PMS 说明示例

示例 PMS 由三个元件 A、B、C 组成,在一个包含三个阶段的任务中使用。在阶段 1 中,三个元件形成并行结构,表示若其中任何一个元件可运行,则系统工作,或者只有当所有三个元件都发生失效时,系统才会失效;在阶段 2 中,系统仅在元件 A 运行、元件 B 或 C 至少有一个运行时工作;在阶段 3 中,这三个元件形成串联结构,表示若其中任何一个失效,则系统失效。如果系统在三个阶段中的任意阶段发生失效,则整个任务失败,即示例 PMS 具有阶段-或要求。图 5.1 表示了整个 PMS 系统的故障树模型。5.4 节将讨论更多关于任务失败的一般的组合阶段要求。

5.3.1　输入变量排序

在 PMS 中,有两种要排序的变量:属于不同元件的变量和表示同一个元件在不同阶段中的变量。

对于属于不同元件的变量,可以采用启发式算法(见 3.3.1 节)来得到适当的排序。对于表示相同元件在不同阶段的变量,可采用两种排序方法:正向法和反向法[26]。在正向法中,变量顺序与阶段顺序相同,即 $A_1 < A_2 < \cdots < A_m$;在反向法中,变量顺序与阶段顺序相反,即 $A_m < A_{m-1} < \cdots < A_1$。考虑图 5.1 中的示例。对于按 $A < B < C$ 排序的元件,正向法得到的总体顺序为 $A_1 < A_2 < A_3 < B_1 < B_2 < B_3 < C_1 < C_2 < C_3$;而反向法得到的总体顺序为 $A_3 < A_2 < A_1 < B_3 < B_2 < B_1 < C_3 < C_2 < C_1$。

研究表明,在 PMS 分析中反向排序法优于正向排序法,因为用反向排序方法在模型评估期间所需处理的相关性更少[26]。特别是,相比正向排序,由反向排序生成的 PMS BDD 的规模更小。在本章的后续讨论中,只对采用反向法的步骤进行了介绍,有关采用正向排序策略的剩余步骤详见文献[26]。

5.3.2 单阶段 BDD 构造

在该步骤中,采用 3.3 节介绍的传统 BDD 生成方法为每个单阶段故障树生成 OBDD 模型。具体来说,就是采用式(3.3)的运算规则为每个阶段的故障树模型生成 BDD 模型。考虑图 5.1 的示例,其每个阶段的 BDD 如图 5.2 所示。

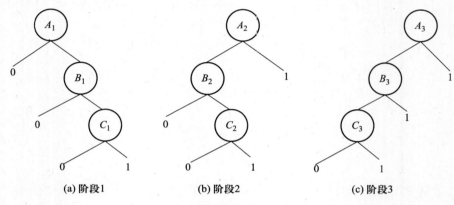

(a) 阶段1   (b) 阶段2   (c) 阶段3

图 5.2　示例 PMS 的单阶段 BDD

5.3.3 PMS BDD 构造

在该步骤中,组合各单阶段 OBDD 以得到整个 PMS 的 OBDD。当对属于不同元件的两个节点/变量进行逻辑运算(与运算或者或运算)时,采用式(3.3)的传统 BDD 运算规则。当对属于相同元件但是不同阶段的两个变量进行运算时,由于两个变量之间存在统计相关关系,传统规则不再适用。具体来说,若采用反向排序法,则必须应用式(5.1)的特殊阶段相关运算(Phase Dependent Operation,PDO)方法,即

$$
\begin{aligned}
G \diamond H &= \mathrm{ite}(A_i, G_{A_i=1}, G_{A_i=0}) \diamond \mathrm{ite}(A_j, H_{A_j=1}, H_{A_j=0}) \\
&= \mathrm{ite}(A_i, G_1, G_0) \diamond \mathrm{ite}(A_j, H_1, H_0) \\
&= \mathrm{ite}(A_j, G \diamond H_1, G_0 \diamond H_0)
\end{aligned}
\tag{5.1}
$$

式中,i 和 j 为阶段序号且 $i<j$。

上述 PDO 规则可以用阶段代数规则(见 5.2 节)推导得出。由于若元件 A 在之后的阶段 j 中运行,则其在阶段 i 中必然运行,即 $A_j=0 \rightarrow A_i=0$,因此可得

$$
\begin{aligned}
G \diamond H &= \mathrm{ite}(A_j, G_1, G_0) \diamond \mathrm{ite}(A_j, H_1, H_0) \\
&= \mathrm{ite}(A_j, (G \diamond H)_{A_j=1}, (G \diamond H)_{A_j=0})
\end{aligned}
$$

$$= \text{ite}(A_j, (G)_{A_j=1} \diamond (H)_{A_j=1}, (G)_{A_i=0} \diamond (H)_{A_j=0})$$
$$= \text{ite}(A_j, G \diamond H_1, G_0 \diamond H_0)$$

应当注意,要想正确使用式(5.1)的 PDO,输入变量的顺序需要严格满足两个条件:①所有阶段中用于生成单阶段 BDD 的变量顺序是固定或一致的;②属于同一个元件不同阶段的变量在排序时必须相邻。为了放宽这些约束,文献[190]研究了一种允许变量在 PMS BDD 生成中采用任意排序策略的处理过程。

考虑图5.1中的示例。图5.3(a)表示了使用逻辑或运算组合阶段1和阶段2的 OBDD 所得到的 OBDD,图5.3(b)表示了组合所有三个阶段的 OBDD 所得到的 OBDD,即整个 PMS 的最终 OBDD。

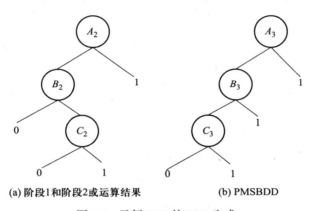

(a) 阶段1和阶段2或运算结果　　　　(b) PMSBDD

图5.3　示例 PMS 的 BDD 生成

5.3.4　PMS BDD 评估

在该步骤中,评估在"PMS BDD 构造"步骤中生成的 PMS BDD 得到整个系统的可靠性或不可靠性。考虑图5.4所示的 ROBDD 分支,x 表示一个处在特定阶段中的元件,设 $\Pr(x)$ 为 x 的不可靠性。评估方法是递推的,包含以下两种情况。

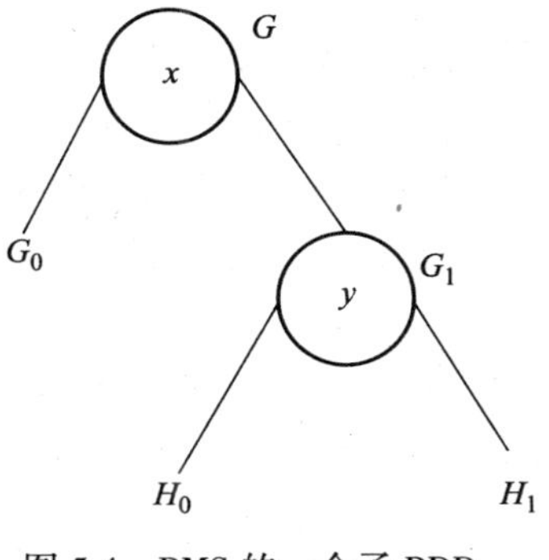

(1) 对于连接不同元件变量的1边或0边,评估方法与传统 BDD 评估相同(见3.4节):

$$\Pr(G) = \Pr(x) * \Pr(G_1) + [1-\Pr(x)] * \Pr(G_0)$$
$$= \Pr(G_1) + [1-\Pr(x)] * [\Pr(G_0) - \Pr(G_1)] \tag{5.2}$$

图5.4　PMS 的一个子 BDD

(2) 对于连接属于同一元件不同阶段的变量的1边,评估方法为

$$\Pr(G) = \Pr(G_1) + [1 - \Pr(x)] * [\Pr(G_0) - \Pr(H_0)] \tag{5.3}$$

对式(5.3)的证明需要使用表5.1中的阶段代数规则,其过程如下[26]。

式(5.3)的证明:假设图5.4中的两个变量 x 和 y 分别为 A_j 和 A_i(对于反向排

序法 $i<j$），即

$$G = \mathrm{ite}(A_j, G_{A_j=1}, G_{A_j=0}) = \mathrm{ite}(A_j, G_1, G_0)$$

$$G_1 = \mathrm{ite}(A_i, H_{A_i=1}, H_{A_i=0}) = \mathrm{ite}(A_i, H_1, H_0), H = G_1$$

由此可得

$$
\begin{aligned}
\mathrm{Pr}(G) &= \mathrm{Pr}(A_j G_1 + \overline{A_j} G_0) \\
&= \mathrm{Pr}(A_j(A_i H_1 + \overline{A_i} H_0) + \overline{A_j} G_0) \\
&= \mathrm{Pr}(A_j A_i H_1 + A_j \overline{A_i} H_0 + \overline{A_j} G_0)
\end{aligned}
\tag{5.4}
$$

根据阶段代数规则 $A_i \cdot A_j \rightarrow A_i$ 和 $\overline{A_i} \cdot \overline{A_j} \rightarrow \overline{A_j}$（表 5.1），可得

$$A_j \overline{A_i} = (1 - \overline{A_j}) \overline{A_i} = \overline{A_i} - \overline{A_j}\, \overline{A_i} = \overline{A_i} - \overline{A_j}$$

因此，式（5.4）可变为

$$
\begin{aligned}
\mathrm{Pr}(G) &= \mathrm{Pr}(A_j A_i H_1 + A_j \overline{A_i} H_0 + \overline{A_j} G_0) \\
&= \mathrm{Pr}(A_i H_1 + (\overline{A_i} - \overline{A_j}) H_0 + \overline{A_j} G_0) \\
&= \mathrm{Pr}(A_i H_1 + \overline{A_i} H_0 - \overline{A_j} H_0 + \overline{A_j} G_0) \\
&= \mathrm{Pr}(G_1 - \overline{A_j} H_0 + \overline{A_j} G_0) \\
&= \mathrm{Pr}(G_1) + \mathrm{Pr}(\overline{A_j} G_0 - \overline{A_j} H_0) \\
&= \mathrm{Pr}(G_1) + \mathrm{Pr}(\overline{A_j}) \mathrm{Pr}(G_0 - H_0) \\
&= \mathrm{Pr}(G_1) + (1 - \mathrm{Pr}(A_j))(\mathrm{Pr}(G_0) - \mathrm{Pr}(H_0))
\end{aligned}
$$

当 x 为 PMS BDD 的根节点时，$\mathrm{Pr}(G)$ 给出了整个 PMS 的不可靠性。递推算法的退出条件如下：

（1）若 $G=0$，即系统可运行，则不可靠性 $\mathrm{Pr}(G)=0$；

（2）若 $G=1$，即系统失效，则不可靠性 $\mathrm{Pr}(G)=1$。

如前所述，式（5.2）或式（5.3）中的 $\mathrm{Pr}(x)$ 为 x 的不可靠性，x 表示一个处在特定阶段中的元件，如在阶段 j 中的元件 A。假设阶段 j 中的元件 A 的条件失效函数用 $q_{A_j}(t)$ 表示，其条件为元件在前 $j-1$ 个阶段或者直到阶段 j 的开始都正常运行，则对 $\mathrm{Pr}(A_j)$ 的评估公式为

$$
\mathrm{Pr}(A_j) =
\begin{cases}
q_{A_j}(t), & j = 1 \\
\left[1 - \prod_{i=1}^{j-1}(1 - q_{A_i}(T_i))\right] + \left[\prod_{i=1}^{j-1}(1 - q_{A_i}(T_i))\right] * q_{A_j}(t), & j > 1
\end{cases}
\tag{5.5}
$$

式中，T_i 为阶段 i 的持续时间。

考虑图 5.1 中的示例 PMS，评估图 5.3（b）中的 PMSBDD，得到示例 PMS 的不可靠性结果为

58

$$UR_{PMS} = \Pr(A_3) + (1 - \Pr(A_3)) * \Pr(B_3) +$$
$$(1 - \Pr(A_3)) * (1 - \Pr(B_3)) * \Pr(C_3) \qquad (5.6)$$

假设各个元件在每个阶段的条件失效概率均为 0.1，即 $q_{A_j}(t) = q_{B_j}(t) = q_{C_j}(t) = 0.1(j=1,2,3)$。根据式(5.5)可得到式(5.6)中的 $\Pr(A_3)$、$\Pr(B_3)$ 和 $\Pr(C_3)$ 可表示为

$$\Pr(A_3) = \Pr(B_3) = \Pr(C_3) = 1 - \prod_{i=1}^{3}(1 - q_{A_i}(T_i)) = 0.271$$

因此，由式(5.6)可以计算出示例 PMS 的不可靠性结果为 0.61258。

5.4　任务性能分析

在一个有阶段-或要求的 PMS 中，系统在任意阶段失效都将导致整个任务的失败。还存在具有更一般的组合阶段要求(Combinatorial Phase Requirements，CPR)的 PMS。具体来说，它们的失效标准可以表示为阶段失效的逻辑组合，如逻辑与、n 中取 k 和逻辑或。在具有 CPR 的 PMS 中，一个阶段失效不一定导致整个任务失败；它可能只是降低了任务的性能，如下面的例子所示[49]。

考虑一个空间数据收集系统，该系统由三个不同结构的连续阶段和四类元件组成：

A_a, A_b：所有三个阶段都需要，并且在每个阶段两个元件之中至少有一个运行才能保证系统运行；

B_a：只有前两个阶段需要，且在前两个阶段中必须均运行才能保证系统运行；

C_a, C_b：在第 1 阶段和第 3 阶段需要；在第 1 阶段两个元件都必须运行，在第 3 阶段中至少有一个运行才能保证系统运行；

D_a, D_b, D_c：在后两个阶段需要，在第 2 阶段三个元件都必须运行，在第 3 阶段至少有两个元件运行才能保证系统运行。

图 5.5 表示了数据收集系统每个阶段的故障树模型。

根据每个阶段的数据质量的组合，可以定义以下四个性能级别[49]：

优秀级：如果数据收集在所有三个阶段均成功，将任务执行结果定义为这一等级。

良好级：如果数据收集在前两个阶段中有一个成功，同时在第 3 阶段成功，将任务执行结果定义为这一等级。

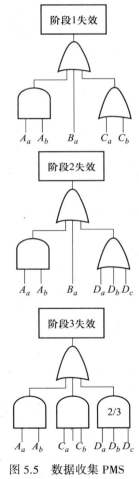

图 5.5　数据收集 PMS 的故障树模型

合格级:如果数据收集只在一个阶段成功,将任务执行结果定义为这一等级。

失败级:如果数据收集在所有阶段均失败,将任务执行结果定义为这一等级。

图 5.6 表示了从任务等级方面描述不同 CPR 的故障树模型。在每个故障树中顶事件的发生概率可采用 5.3 节中分四个步骤的基于 BDD 的方法评估。基于这些故障树模型的评估,PMS 在每个性能等级的概率可以评估为

$$
\begin{cases}
\mathrm{Pr}(优秀) = 1 - \mathrm{Pr}(顶事件_{优秀}) \\
\mathrm{Pr}(良好) = 1 - \mathrm{Pr}(顶事件_{良好}) \\
\mathrm{Pr}(合格) = \mathrm{Pr}(顶事件_{合格}) - \mathrm{Pr}(顶事件_{失败}) \\
\mathrm{Pr}(失败) = \mathrm{Pr}(顶事件_{失败})
\end{cases}
\tag{5.7}
$$

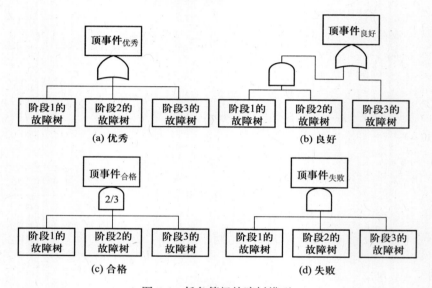

图 5.6　任务等级故障树模型

第6章 多状态系统

多状态系统(Multi-State Systems,MSS)是指系统及其元件可以呈现出对应于不同状态的多个性能水平,范围从完好运行到完全失效[163,191,192]。MSS 可用于对共享载荷、性能退化、不完全故障覆盖、多种失效模式和有限维修资源等复杂行为进行建模,广泛应用于电力系统、通信和传输网络、计算机系统、传感器网络、逻辑电路和流体传输等实际系统中[193-196]。

对分析 MSS 而言,其挑战在于同一个元件不同状态之间的相关性,即元件内状态相关性。现有的 MSS 分析方法包括基于马尔可夫的方法[197,198]、蒙特卡罗仿真[199]、多态最小路径/割集向量(Multi-state Minimal Path/Cut Vectors,MMPV/MMCV)[200,201]以及基于通用生成函数[202,203]等方法。本章重点介绍用于分析 MSS 的三种不同形式的决策图:MBDD(见 6.4 节)、LBDD(见 6.5 节)和 MMDD(见 6.6 节),并在 6.7 节中对这三种方法的性能进行了讨论和比较。

6.1 系统模型假设

本章中在讨论基于决策图的 MSS 分析方法时做出以下假设:

(1)系统各状态 S_k 不一定是不相交的。

(2)元件各状态是不相交的,同时不一定是有序的。

(3)元件是不可维修的,并且具有统计独立性。特别地,一个元件状态的改变对系统内其他元件状态改变事件的发生没有影响。

(4)系统是相干的或单调关联(coherent)的,意味着每个元件对系统状态均有影响,并且系统状态随着状态恶化的元件数量的增加而变差(至少不会改善)。

6.2 示 例 系 统

例 6.1 图 6.1 展示了一个包含两块电路板 B_1 和 B_2 的多状态计算机系统[33],每块电路板均包含一个处理器和一个存储模块,两个存储模块 M_1 和 M_2 由两个处理器 P_1 和 P_2 通过公用总线共享。基于其处理器和存储模块的状态,每块电路板 B_i($i=1$ 或 2)会呈现四种不相交状态:$B_{i,4}$(P 和 M 均运行)、$B_{i,3}$(M 运行而 P 失效)、$B_{i,2}$(P 运行而 M 失效)和 $B_{i,1}$(P 和 M 均失效)。整个计算机系统可以呈现出三种不相交状态:S_3(至少一个 P 和两个 M 运行),S_2(至少一个 P 和正好一个 M 运行)和 S_1(P 和 M 均失效)。

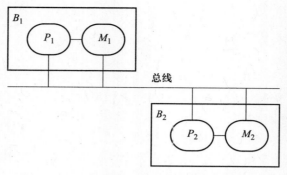

图 6.1　一个示例多状态计算机系统的结构

假设两个存储模块的失效具有统计独立性且遵循指数分布，M_1 和 M_2 的失效率分别为 $\lambda_1 = 10^{-5}/h$ 和 $\lambda_2 = 2\times10^{-5}/h$。两个处理器的失效也具有统计独立性并且其失效概率均固定为 0.01。基于上述状态定义，表 6.1 表示了在任务时间 $t = 10000h$ 时，每块电路板组件不同状态的发生概率。

表 6.1　各电路板状态的发生概率

B_i	$p_{B_{i,1}}(t)$	$p_{B_{i,2}}(t)$	$p_{B_{i,3}}(t)$	$p_{B_{i,4}}(t)$
B_1	9.5163×10^{-4}	0.0942	0.009	0.8958
B_2	0.0018	0.1795	0.0082	0.8105

6.3　MSS 表征模型

有两种用于表征 MSS 的系统状态结构功能的方法：多态故障树（Multi-state Fault Trees，MFT）和多态可靠性框图（Multi-state Reliability Block Diagrams，MRBD）[33,38]。

6.3.1　多态故障树(MFT)

与传统故障树模型（见 2.3 节）类似，MFT 用图形表示了可导致系统处于特定状态的元件状态事件组合[33]。对于具有 n 个系统状态的 MSS，必须为每个系统状态构造相应的 MFT，从而产生 n 个不同的 MFT。每个 MFT 由一个顶事件和一组基本事件组成，其中顶事件表示系统处于特定状态 S_k，每个基本事件表示一个处于特定状态的多态元件。顶事件被分解为可以引起 S_k 发生的基本事件组合，组合方式有逻辑与门、或门和 n 中取 k 门（k-out-of-n）等。给定基本事件的发生概率，通过 MFT 的定量分析可以得到系统处于特定状态 S_k 的概率。

考虑图 6.1 中的多态计算机系统示例，图 6.2 表示了该计算机系统在每个状态的 MFT。以系统状态 S_3 为例，图 6.2（c）中的 MFT 建模了使整个系统处于状态

S_3的电路板状态组合:B_1处于状态 4 且 B_2 处于状态 3 或状态 4;或者 B_1 处于状态 3 且 B_2处于状态 4。

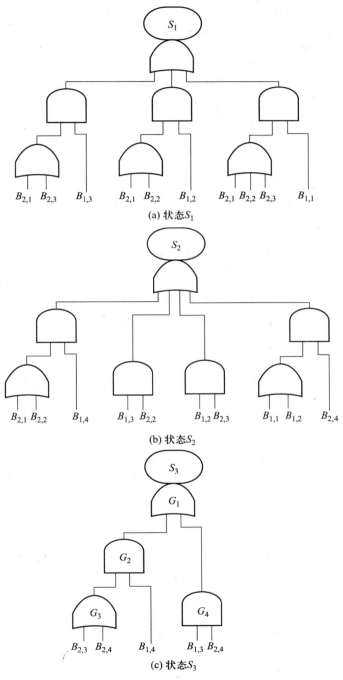

(a) 状态S_1

(b) 状态S_2

(c) 状态S_3

图 6.2　多态计算机系统示例的 MFT

6.3.2 多状态可靠性框图(MRBD)

与传统的可靠性框图(Reliability Block Diagrams, RBD)[45]类似, MRBD 是一个由输入点、输出点和一组方框组成的面向功能的网络。MRBD 中的每个方框表示一个发生特定状态的物理元件,通过排列方框来表示导致整个系统处于特定状态的元件状态组合。具体来说,与传统 RBD 模型中一样,如果在 MRBD 模型中存在至少一个连接了输入和输出点的路径,则系统处于该特定状态。例如,图 6.3 展示了图 6.1 中的示例计算机系统处于状态 S_3 时的 MRBD 模型。与 MFT 表征类似,必须为 MSS 的每个状态构建不同的 MRBD 模型。

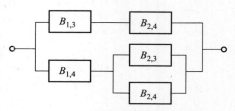

图 6.3　示例 MSS 处于状态 S_3 时的 MRBD 模型

6.3.3 MRBD 和 MFT 表征的等效性

MRBD 和 MFT 是 MSS 的等价表征,因此,可以将 MRBD 转换为 MFT,反之亦然。

将 MRBD 转换为 MFT 时,使用逻辑或门来连接一个并联结构内的所有事件;使用逻辑与门来连接串联结构内的所有事件。

将 MFT 转换为 MRBD 时,从 MFT 的顶事件开始连续地对逻辑门进行替换。逻辑与门被替换为门输入的串联结构;逻辑或门被替换为门输入的并联结构。

图 6.4 表示了 MFT 和 MRBD 之间的转换关系。

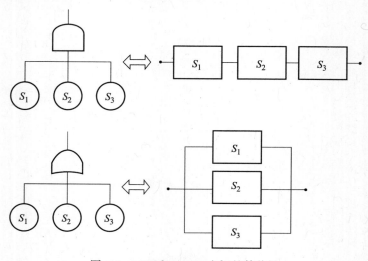

图 6.4　MFT 和 MRBD 之间的等价性

6.4　多状态 BDD（MBDD）

由于可供采用的基于二元逻辑的数据结构、算法和工具非常丰富,故 MSS 分析的一种常用方法是将 MSS 模型转换为一组二态模型[204]。基于这种转换方法,研究出了用于 MSS 分析的 MBDD[33]。

基于 MBDD 的方法实现主要包括三个步骤:①元件状态变量编码;②生成 MBDD;③MBDD 评估。后续章节对每个步骤进行了详细介绍。

6.4.1　步骤 1——状态变量编码

多态元件 A 的每个状态 i 用布尔变量 A_i 表示,如果 A 具有 r 个状态,则需要 r 个布尔变量来对其进行建模。每个变量 A_i 对应如图 6.5 所示的一个基本事件 ite $(A_i,1,0)$。

一般来说,用变量 A_i 表示的布尔表达式 F 的 ite 形式为

$$
\begin{aligned}
F &= A_i \cdot F_{A_i=1} + \overline{A_i} \cdot F_{A_i=0} \\
&= \text{ite}(A_i, F_{A_i=1}, F_{A_i=0}) \\
&= \text{ite}(A_i, F_1, F_0)
\end{aligned}
\tag{6.1}
$$

图 6.6 展示了此表达式的 MBDD 形式。

图 6.5　MBDD 的基本事件

图 6.6　MBDD 节点的一般结构

6.4.2　步骤 2——从 MFT 生成 MBDD

与从二态系统故障树生成 BDD(见 3.3 节)类似,对 MFT 进行深度优先遍历,然后按照自底向上的顺序从 MFT 构建 MBDD 模型。但是为了处理表示同一个元件不同状态的布尔变量之间的相关性,对式(3.3)的 BDD 运算处理进行修改以用于多态相关运算(Multi-state Dependent Operation,MDO)。

设 $G = \text{ite}(x, G_{x=1}, G_{x=0}) = \text{ite}(x, G_1, G_0)$ 和 $H = \text{ite}(y, H_{y=1}, H_{y=0}) = \text{ite}(y, H_1, H_0)$ 分别是关于 x 和 y($\text{index}(x) \leqslant \text{index}(y)$)的布尔表达式,MBDD 的操作规则(见文献[33]的引理 1)为

$$
\text{ite}(x, G_1, G_0) \diamondsuit \text{ite}(y, H_1, H_0) =
$$

$$\begin{cases} \text{ite}(x, G_1 \lozenge H_1, G_0 \lozenge H_0), & \text{index}(x) = \text{index}(y) \\ \text{ite}(x, G_1 \lozenge I_0, G_0 \lozenge H), & x, y \text{ 属于同一个元件} \\ & I_0 = (H_0)_{x=1} \\ \text{ite}(x, G_1 \lozenge H, G_0 \lozenge H), & \text{其他} \end{cases} \qquad (6.2)$$

6.4.3 步骤3——MBDD 评估

与传统 BDD 类似,所得到的 MBDD 隐式地表示 SDP,从 MBDD 中的根节点到汇聚节点"1"的每条路径均表示一个导致 MSS 处于特定状态的元件状态变量的不相交组合。因此,MSS 的状态概率由从根节点到汇聚节点"1"的所有路径的概率之和给出。

存在一种递推的评估方法,由以下两种情况组成。考虑图6.7所示的 MBDD 的分支。

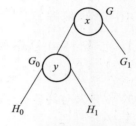

图 6.7　MSS 的一个子 MBDD

(1)对于1边或0边连接不同元件变量的情况,其评估方法与传统 BDD 评估方法相同:

$$\begin{aligned} \text{Pr}(G) &= \text{Pr}(x) * \text{Pr}(G_1) + [1 - \text{Pr}(x)] * \text{Pr}(G_0) \\ &= \text{Pr}(G_0) + \text{Pr}(x) * [\text{Pr}(G_1) - \text{Pr}(G_0)] \end{aligned} \qquad (6.3)$$

(2)对于0边连接同一元件不同状态变量的情况,其评估方法为

$$\text{Pr}(G) = \text{Pr}(G_0) + \text{Pr}(x) * [\text{Pr}(G_1) - \text{Pr}(I_0)] \qquad (6.4)$$

式中,$I_0 = (H_0)_{x=1}$。

对于推导式(6.4)考虑状态相关性的详细过程,参见文献[33]中的引理2。

6.4.4 示例分析

在本节中应用基于 MBDD 的三步方法分析 6.2 节中的计算机系统示例。

步骤1—状态变量编码。每块电路板具有四种状态,故需要四个布尔变量:

(1)$(B_{1,1}, B_{1,2}, B_{1,3}, B_{1,4})$用于电路板 B_1;

(2)$(B_{2,1}, B_{2,2}, B_{2,3}, B_{2,4})$用于电路板 B_2。

图6.8表示了代表电路板 B_1 处于四种状态的四个基本事件 MBDD $\text{ite}(B_{1,j}, 1, 0)$。电路板 B_2 的基本事件 MBDD 形式与 B_1 类似。

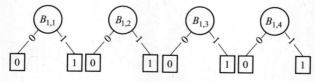

图 6.8　电路板 B_1 的基本事件 MBDD

步骤 2—MBDD 的生成。基于电路板 B_1 和 B_2 的基本事件 MBDD 和式(6.2)的操作规则,示例 MSS 处于状态 S_3 时的 MBDD 可以根据图 6.2 中对应的 MFT 模型来构建。图 6.9 表示了采用 $B_{1,1}<B_{1,2}<B_{1,3}<B_{1,4}<B_{2,1}<B_{2,2}<B_{2,3}<B_{2,4}$ 的顺序生成的最终的 MBDD 模型。

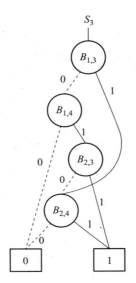

图 6.9 示例 MSS 在状态 S_3 时的 MBDD

步骤 3—MBDD 评估。基于图 6.9 所示的 MBDD,示例 MSS 的状态 S_3 可由从根节点到汇聚节点"1"的所有路径之和表示,即

$$S_3 = B_{1,3} \cdot B_{2,4} + \overline{B_{1,3}} \cdot B_{1,4} \cdot B_{2,3} + \overline{B_{1,3}} \cdot B_{1,4} \cdot \overline{B_{2,3}} \cdot B_{2,4}$$

由于同一元件的不同变量之间存在相关性,特别地,$\overline{B_{1,3}} \cdot B_{1,4} = B_{1,4}$ 以及 $\overline{B_{2,3}} \cdot B_{2,4} = B_{2,4}$,则

$$S_3 = B_{1,3} \cdot B_{2,4} + B_{1,4} \cdot (B_{2,3} + B_{2,4})$$

因此,示例多态计算机系统处于状态 S_3 的概率为

$$\begin{aligned}
\Pr(S_3) &= \Pr(B_{1,4} \cdot (B_{2,4} + B_{2,3}) + (B_{1,3}) \cdot (B_{2,4})) \\
&= \Pr(B_{1,4}) \cdot (\Pr(B_{2,4}) + \Pr(B_{2,3})) + \Pr(B_{1,3}) \cdot \Pr(B_{2,4})
\end{aligned} \tag{6.5}$$

6.5 对数编码 BDD(LBDD)

与基于 MBDD 的方法类似,基于对数编码 BDD(LBDD)的方法使用二元逻辑对 MSS 进行分析。但是 LBDD 方法将对具有 r 个状态的多态元件进行编码时所需的二元变量的数量减少到 $\log_2 r$ 个,而在基于 MBDD 的方法中需要 r 个布尔变量。LBDD 生成算法与用于二态系统的传统 BDD 的生成算法一样简单,在模型评

估期间仅需要一些简单的解码操作。

基于 LBDD 的方法实现主要包括三个步骤：①变量编码；②LBDD 的生成；③LBDD 评估[34]。后续章节对每个步骤进行了详细介绍。

6.5.1 步骤 1——变量编码

通过一组$\log_2 r$辅助布尔变量对具有 r 个状态元件的每个状态进行对数编码，每个辅助变量 V_i 对应于一个图 6.10 所示的基本事件 $\text{ite}(V_i, 1, 0)$。

式（6.6）展示了基于香农分解（Shannon's decomposition）原理，用辅助变量 V_i 表示的一个一般布尔表达式 F 的 ite 形式，即

$$
\begin{aligned}
F &= V_i \cdot F_{V_i=1} + \overline{V_i} \cdot F_{V_i=0} \\
&= \text{ite}(V_i, F_{V_i=1}, F_{V_i=0}) \\
&= \text{ite}(V_i, F_1, F_0)
\end{aligned}
\tag{6.6}
$$

式（6.6）的 LBDD 形式如图 6.11 所示。

图 6.10　基本事件的 LBDD

图 6.11　一个 LBDD 节点的一般结构

6.5.2 步骤 2——从 MFT 生成 LBDD

同样地，与传统 BDD 的生成类似，对 MFT 进行深度优先遍历，然后按照自底向上的顺序从 MFT 构建 LBDD 模型。可将式（3.3）的传统操作规则直接用于 LBDD 生成而不需要进行特殊的操作。注意到，传统的 BDD 操作规则从本质上已经对状态相关性进行了考虑[34]。传统 BDD 生成和 LBDD 生成之间的唯一区别是，在 MSS 故障树中表示元件状态的基本事件不是转换为单个基本事件节点，而是转换为 LBDD 中辅助节点的一个编码组。

6.5.3 步骤 3——LBDD 评估

LBDD 模型可以隐式地表示 SDP，每个 SDP 表示一个导致系统处于特定状态的辅助变量的不相交组合。系统的状态概率可以简单地由从根节点到汇聚节点"1"的所有路径的概率之和计算出来。不过，在分配元件状态概率之前，需要从辅助变量中解码元件状态。具体来说，在路径概率评估中，SDP 列举的每个乘积项中的辅助变量对同一个元件不同状态进行了编码，将这些辅助变量组合在一起，解码为相应的元件状态。

68

6.5.4 示例分析

本节应用基于 MBDD 的三步方法分析 6.2 节中的计算机系统示例。

步骤 1—状态变量编码。如表 6.2 所列,具有四种状态的电路板 B_1 可由两个辅助变量 v_1 和 v_2 进行编码。图 6.12 表示了这四种状态所对应的 LBDD 模型,这些 LBDD 模型的 ite 形式为

$$\begin{cases} B_{1,1} = \mathrm{ite}(v_1, 0, \mathrm{ite}(v_2, 0, 1)) \\ B_{1,2} = \mathrm{ite}(v_1, 0, \mathrm{ite}(v_2, 1, 0)) \\ B_{1,3} = \mathrm{ite}(v_1, \mathrm{ite}(v_2, 0, 1), 0) \\ B_{1,4} = \mathrm{ite}(v_1, \mathrm{ite}(v_2, 1, 0), 0) \end{cases}$$

表 6.2 具有四个状态的示例元件 B_1 的编码

B_1 的状态	v_1	v_2
$B_{1,1}$	0	0
$B_{1,2}$	0	1
$B_{1,3}$	1	0
$B_{1,4}$	1	1

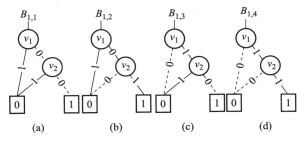

图 6.12 电路板 B_1 的基本事件 LBDD

同理,具有四种状态的电路板 B_2 可由两个辅助变量 w_1 和 w_2 进行编码,如表 6.3 所列。

表 6.3 B_2 的编码

B_2 的状态	w_1	w_2
$B_{2,1}$	0	0
$B_{2,2}$	0	1
$B_{2,3}$	1	0
$B_{2,4}$	1	1

图 6.13 表示了 B_2 的四种状态所对应的 LBDD 模型,这些 LBDD 模型的 ite 形式为

$$\begin{cases} B_{2,1} = \text{ite}(w_1, 0, \text{ite}(w_2, 0, 1)) \\ B_{2,2} = \text{ite}(w_1, 0, \text{ite}(w_2, 1, 0)) \\ B_{2,3} = \text{ite}(w_1, \text{ite}(w_2, 0, 1), 0) \\ B_{2,4} = \text{ite}(w_1, \text{ite}(w_2, 1, 0), 0) \end{cases}$$

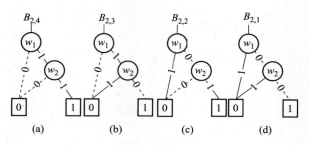

图 6.13   电路板 B_2 的基本事件 LBDD

步骤 2—LBDD 的生成。基于电路板 B_1 和 B_2 的基本
事件 LBDD 和式(3.3)的操作规则,示例 MSS 处于状态 S_3
时的 LBDD 可以根据图 6.2 中对应的 MFT 模型来构建。
图 6.14 表示了采用 $v_1 < v_2 < w_1 < w_2$ 的顺序生成的最终 LBDD
模型。

步骤 3—LBDD 评估。基于图 6.14 所示的 LBDD,S_3
可由从根节点到汇聚节点"1"的所有路径之和表示,即

$$S_3 = v_1 \cdot v_2 \cdot w_1 + v_1 \cdot \overline{v_2} \cdot w_1 \cdot w_2$$

可以将相关辅助变量组解码为对应的元件状态:

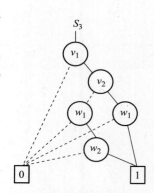

图 6.14   示例 MSS 在
状态 S_3 时的 LBDD

$$\begin{aligned} S_3 &= v_1 \cdot v_2 \cdot w_1 + v_1 \cdot \overline{v_2} \cdot w_1 \cdot w_2 \\ &= (v_1 \cdot v_2) \cdot (w_1) + (v_1 \cdot \overline{v_2}) \cdot (w_1 \cdot w_2) \\ &= (v_1 \cdot v_2) \cdot (w_1 \cdot w_2 + w_1 \cdot \overline{w_2}) + (v_1 \cdot \overline{v_2}) \cdot (w_1 \cdot w_2) \\ &= B_{1,4} \cdot (B_{2,4} + B_{2,3}) + (B_{1,3}) \cdot (B_{2,4}) \end{aligned}$$

示例计算机系统处于状态 S_3 的概率为

$$\Pr(S_3) = \Pr(B_{1,4}) \cdot (\Pr(B_{2,4}) + \Pr(B_{2,3})) + \Pr(B_{1,3}) \cdot \Pr(B_{2,4}) \quad (6.7)$$

6.6   多状态多值决策图(MMDD)

与基于二元逻辑的 MBDD 和 LBDD 方法不同,基于 MMDD 的方法使用多值逻
辑。MMDD 生成和评估方法都是对传统 BDD 方法简单、直接的扩展。

基于 MMDD 的方法可分为三个步骤:①元件状态变量编码;②MMDD 的生成;③MMDD 评估[36]。后续章节对每个步骤进行了详细介绍。

6.6.1 步骤 1——变量编码

每个多态元件 A 由一个多值变量 $x_A \in \{1,2,\cdots,r\}$ 来建模,对应于 MMDD 模型中一个具有 r 个输出边的非汇聚节点。图 6.15 展示了一个基本事件的 MMDD,也可表达为 $\text{case}(A,0,0,\cdots,1,\cdots,0,0)$,用于表示组件 A 处于状态 i。

将代表一个 MSS 的结构功能的逻辑表达式 F 通过一个 r 态元件 A 展开,其 case 形式为

$$F = A_1 \cdot F_{x_A=1} + A_2 \cdot F_{x_A=2} + \cdots + A_r \cdot F_{x_A=r}$$

$$= \text{case}(A, F_{x_A=1}, F_{x_A=2}, \cdots, F_{x_A=r}) = \text{case}(A, F_1, F_2, \cdots, F_r) \quad (6.8)$$

图 6.16 展示了式(6.8)的 MMDD 形式。

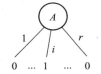

图 6.15　基本事件的 MMDD

图 6.16　一个 MMDD 节点的一般结构

6.6.2 步骤 2——从 MFT 生成 MMDD

同样地,对 MSS 的故障树进行深度优先遍历,然后按照自底向上的顺序从 MFT 构建 MMDD 模型。MMDD 的操作规则是对传统 BDD 操作规则式(3.3)简单、直接的扩展。

设代表两个子 MMDD 的逻辑表达式 G 和 H 的 case 形式分别为 $G = \text{case}(x, G_1, G_2, \cdots, G_r)$ 和 $H = \text{case}(y, H_1, H_2, \cdots, H_r)$,则 MMDD 操作规则为[36]

$$G \diamond H = \text{case}(x, G_1, G_2, \cdots, G_r) \diamond \text{case}(y, H_1, H_2, \cdots, H_r)$$

$$= \begin{cases} \text{case}(x, G_1 \diamond H_1, \cdots, G_r \diamond H_r), & \text{index}(x) = \text{index}(y) \\ \text{case}(x, G_1 \diamond H, \cdots, G_r \diamond H), & \text{index}(x) < \text{index}(y) \\ \text{case}(y, G \diamond H_1, \cdots, G \diamond H_r), & \text{index}(x) > \text{index}(y) \end{cases} \quad (6.9)$$

具体来说,这些规则用于将由逻辑表达式 G 和 H 表示的两个子 MMDD 模型组合成一个 MMDD 模型。应用该规则时,比较两个根节点序号(G 中的 x 和 H 中的 y)的大小。如果 x 和 y 具有相同的序号,表示它们属于同一个多态元件,则将操作应用于它们的子节点;否则,具有较小序号的变量成为组合 MMDD 的新根节点,并将另一个子 MMDD 作为一个整体与具有较小序号的节点的各子节点进行逻辑运算。递推执行上述规则,直到其中一个子表达式变为常数"0"或"1",过程中

利用布尔代数 $(1+x=1,0+x=x,1 \cdot x=x,0 \cdot x=0)$ 对表达式进行化简。式(6.9)中操作规则的图形表达如图 6.17 所示。

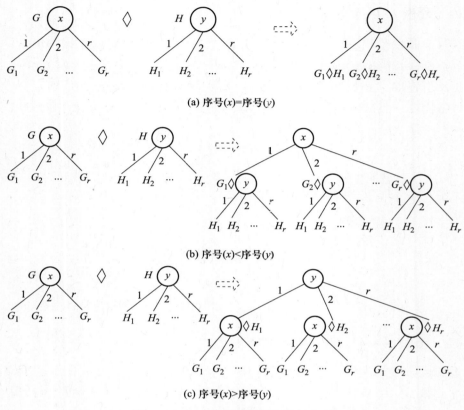

(a) 序号(x)=序号(y)

(b) 序号(x)<序号(y)

(c) 序号(x)>序号(y)

图 6.17　式(6.9)操作规则的图形表示

6.6.3　步骤 3——MMDD 评估

　　MMDD 模型也可以隐式地表示 SDP,每个 SDP 表示一个导致系统处于特定状态的元件状态的不相交组合。如果某路径是从一个节点到其 i 边缘,则对此路径考虑元件的状态 i。由于代表不同多态元件的不同变量是相互独立的,故在 MMDD 评估中无需进行特殊的解码操作(在 LBDD 中的)或相关性考虑(在 MBDD 中的)。系统的状态概率可以简单地由从根节点到汇聚节点"1"的所有路径的概率之和计算出。

　　式(6.10)给出了关于图 6.16 中 MMDD 分支的计算机实现的递归评估算法:

$$P_k(F) = p_{A,1}(t)P_k(F_1) + \cdots + p_{A,r}(t)P_k(F_r) \tag{6.10}$$

式中,$P_k(F)$ 为当前子 MMDD F 处于特定状态 S_k 的概率。

　　如果图 6.16 中的元件 A 是整个 MMDD 的根节点,则 $P_k(F)$ 即为最终的系统状态概率。$p_{A,i}(t)$ 表示 t 时刻元件 A 处于状态 i 的概率。

这个递推算法的退出条件为：若 $F=1$，则 $P_k(F)=1$；若 $F=0$，则 $P_k(F)=0$。

6.6.4　示例分析

本节应用基于 MMDD 的三步方法分析 6.2 节中的计算机系统示例。

步骤 1—状态变量编码。每个具有四种状态的多态元件 $B_i(i=1,2)$ 可由一个多值变量 B_i 进行编码。图 6.18 表示了这四种状态所对应的 MMDD 模型，这些 MMDD 模型的 case 形式分别为 $\mathrm{case}(B_i,1,0,0,0)$、$\mathrm{case}(B_i,0,1,0,0)$、$\mathrm{case}(B_i,0,0,1,0)$ 和 $\mathrm{case}(B_i,0,0,0,1)$。

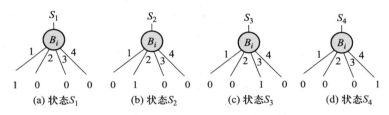

图 6.18　电路板 $B_i(i=1,2)$ 基本事件 MMDD

步骤 2—MMDD 的生成。基于电路板 B_1 和 B_2 的基本事件 MMDD 和式 (6.9) 的操作规则，示例多态计算机系统处于状态 S_3 时的 MMDD 可以根据图 6.2 中对应的 MFT 模型来构建。图 6.19 表示了采用 $B_1<B_2$ 的顺序生成的最终的 MMDD 模型。

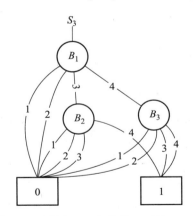

图 6.19　示例 MSS 在状态 S_3 时的 MMDD

步骤 3—MMDD 评估。基于图 6.19 所示的 MMDD，状态 S_3 可由从根节点到汇聚节点"1"的所有路径之和表示，即

$$S_3 = B_{1,3} \cdot B_{2,4} + B_{1,4} \cdot (B_{2,3} + B_{2,4})$$

因此示例多态计算机系统处于状态 S_3 的概率为

$$\Pr(S_3) = \Pr(B_{1,4} \cdot (B_{2,4} + B_{2,3}) + (B_{1,3}) \cdot (B_{2,4}))$$
$$= \Pr(B_{1,4}) \cdot (\Pr(B_{2,4}) + \Pr(B_{2,3})) + \Pr(B_{1,3}) \cdot \Pr(B_{2,4}) \quad (6.11)$$

6.7 性能评估和基准分析

MBDD、LBDD 和 MMDD 这三种基于决策图的方法适用于任意系统结构和分布,并且可以提供精确的 MSS 分析结果。其中,由于在辅助布尔变量中不存在相关性,LBDD 模型的生成与用于二元系统的传统 BDD 模型的生成一样简单。相反,MBDD 的生成则需要进行 MDO 特殊操作处理表示同一个元件不同状态的变量之间的相关性。由于不同的多值变量之间不存在相关性,MMDD 的生成也很简单,是对传统 BDD 生成的直接扩展。

对于模型评估,MBDD 和 LBDD 方法都需要对传统 BDD 评估算法进行一些修改。具体来说,MBDD 方法需要采用式(6.4)的方法来处理表示同一个元件不同状态的变量之间的相关性;LBDD 方法需要对元件状态进行解码。不过,MMDD 评估方法不需要任何特殊处理,是对传统 BDD 评估算法的直接扩展。

虽然三种基于决策图的方法(MBDD、LBDD 和 MMDD)由于执行方式不同而具有不同的计算效率和要求,但它们对于 MSS 的分析是等效的。如果给定相同的元件状态概率输入参数,三种方法会得到相同的系统状态概率。

下面使用示例和基准比较三种方法的性能。

6.7.1 示例分析

例 6.2 一个二极管网络由源节点 s、终节点 t 和 5 个二极管 A、B、C、D、E 组成,如图 6.20 所示。每个二极管 x 具有断路、短路和正常工作三种状态,分别用 x_0、x_1 和 x_2 表示。整个网络同样具有三种状态:S_0(断路状态)、S_1(短路状态)和 S_2(正常工作状态)。我们关注的是网络处于每种状态 $S_k(k=0,1,2)$ 的概率。

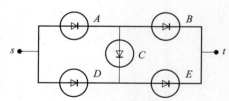

图 6.20 一个二极管网络[33]

例 6.3 图 6.21 表示了一个通信网络的拓扑结构。网络中的每个链路 a_i 可以同时支持 $c=20$ 个呼叫或连接,并且每个呼叫需要占用一定数量的带宽,因此,每个链路的空闲容量具有 $c+1$ 种不同的状态:$0,1,\cdots,c$。为了评估网络能够支持一个从 s 到 t 的、同时需要 k 个连接的呼叫的概率,可将网络看作一个具有 c 个系统状态 $\{S_k, k=1,\cdots,c\}$ 的 MSS,每个

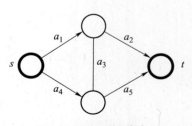

图 6.21 通信网络[33]

系统状态 S_k 对应于能够支持一个需要 k 个连接的呼叫的网络。

注意在这个 MSS 示例中,系统各状态并不是不相交的。例如,系统状态 S_2 是系统状态 S_1 的子集,因为如果系统能够支持一个需要两个连接的呼叫,那么其必然可以支持一个需要一个连接的呼叫。

例 6.4 图 6.22 表示了一个称为 ARPA 网络的拓扑结构[205]。每个链路 a_i 具有 0,3,4,8 四种不同的链路容量,对应四种不同的状态。我们关注的是网络可以确保提供一个从源节点 s 到终节点 t 的不小于 10 个单位的传输需求的概率。

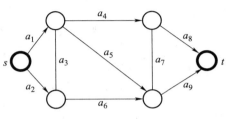

图 6.22 ARPA 网络[205]

表 6.4~表 6.7 展示了收集到的模型尺寸(决策图模型中的非汇聚节点数)数据以及对四个例子(见 6.2 节中的例 6.1 和本节中的例 6.2~例 6.4)中的系统模型进行自上而下的递推评估期间进行的递推调用次数[39]。决策图模型的生成采用了字母–数字的排序策略。

表 6.4 例 6.1—计算机系统的分析结果

状态	模型尺寸			递推调用次数		
	MBDD	LBDD	MMDD	MBDD	LBDD	MMDD
S_1	9	6	4	27	15	17
S_2	8	8	5	26	19	21
S_3	4	5	3	13	11	13

表 6.5 例 6.2—二极管网络的分析结果

状态	模型尺寸			递推调用次数		
	MBDD	LBDD	MMDD	MBDD	LBDD	MMDD
S_0	14	20	10	79	169	103
S_1	9	17	8	36	157	103
S_2	50	54	20	991	445	172

表 6.6 例 6.3—通信网络的分析结果

k	模型尺寸			递推调用次数		
	MBDD	LBDD	MMDD	MBDD	LBDD	MMDD
1	160	24	0	21313220	535	1

k	模型尺寸			递推调用次数		
	MBDD	LBDD	MMDD	MBDD	LBDD	MMDD
2	152	56	8	16579305	10963	31221
3	144	48	8	12726414	6397	84021
4	136	56	8	9625451	12447	150541
5	128	40	8	7160592	3311	223461
6	120	56	8	5228565	12447	296421
7	112	48	8	3737930	6625	364021
8	104	56	8	2608359	11607	421821
9	96	32	8	1769916	1417	466341
10	88	56	8	1162337	12447	495061
11	80	48	8	734310	6625	506421
12	72	56	8	442755	11607	499821
13	64	40	8	252104	2591	475621
14	56	56	8	133581	11607	435141
15	48	48	8	64482	5317	380661
16	40	56	8	27455	8695	315421
17	32	24	8	9780	427	243621
18	24	40	8	2649	2951	170421
19	16	32	8	446	945	101941
20	8	40	8	27	1771	45261

表 6.7　例 6.4—ARPA 网络的分析结果

方法	模型尺寸	递推调用次数
MBDD	56	17792
LBDD	41	811
MMDD	32	934

这些数据表明,基于 MMDD 的方法通过使用多值变量而使其生成的模型尺寸最小;基于 LBDD 的方法由于使用了较少的二元变量而比基于 MBDD 的方法模型尺寸更小。在模型评估方面,基于 LBDD 方法的递推调用次数小于基于 MBDD 和

MMDD 的方法,其中 MBDD 的总体性能最差。

6.7.2 基准分析

本节介绍了基于三种决策图方法的实证研究,采用北卡罗来纳州微电子中心(Microelectronics Center of North Carolina, MCNC)的以 EXPRESSO-MV 格式表示的基准[206]。表 6.8 总结了出现在所选的 MCNC 基准测试组中的输入变量、输出函数以及乘积项的数量。

表 6.8　MCNC 基准[34,206]

名称	输入	输出	乘积项
5xp1	7	10	75
9sym	9	1	87
alu2	10	8	68
alu4	14	8	1028
b12	15	9	431
bw	5	28	87
clip	9	5	167
con1	7	2	9
inc	7	9	34
mdiv7	8	10	256
misex1	8	7	32
misex2	25	18	29
misex3c	14	14	305
postal	8	1	25
rd53	5	3	32
rd73	7	3	141
rd84	8	4	256
sao2	10	4	58
sn74181	14	8	1132
squar5	5	8	32
xor5	5	1	16
Z5xp1	7	10	128
Z9sym	9	1	420

这些基准最初是为布尔切换函数设计的,并应用于文献[34]中生成由多态元件构成的 MSS。原始基准中的每个二元输出将转换为特定的系统状态。为了将这些基准中的二元输入转换为多状态元件,将多个二元输入变量按照一般可用规范[7]以从左到右的顺序组合在一起。由于我们的目标仅仅是通过一组测试基准来评估决策图技术,故没有对输入分组进行优化。我们考虑三种具体情况。

情况Ⅰ:一对输入变量被组合在一起以生成一个具有 4 种状态的元件。如果存在奇数个二元输入变量,则最右边的输入生成一个布尔状态元件。同时,对无关条件进行适当处理,例如,"1–"编码处于状态 2("10")或状态 3("11")的输入变量。

情况Ⅱ:将三个输入变量组合在一起以生成一个具有 8 种状态的元件;剩余的单个或两个输入变量所组成的最后一组将分别生成布尔状态元件或具有 4 种状态的元件。

情况Ⅲ:将四个输入变量组合在一起以生成一个具有 16 种状态的元件;最后一组将根据剩余变量数分别生成布尔状态元件、具有 4 种状态的元件或具有 8 种状态的元件。

为表 6.8 中所选择的 MCNC 基准构建 MBDD、LBDD 和 MMDD,采用自上而下递推评估得到的模型尺寸和递推调用次数如表 6.9~表 6.14 所列。

表 6.9　情况Ⅰ中所有的模型尺寸(分组大小=2)

名称	MBDD	LBDD	MMDD
xor5	14	9	5
con1	24	18	12
rd53	41	29	15
Z9sym	55	33	17
postal	60	25	12
rd73	80	49	25
misex1	81	75	39
squar5	89	54	34
rd84	119	71	25
9sym	178	33	17
5xp1	181	113	65
misex2	196	163	115
inc	203	119	69
b12	206	105	82

名称	MBDD	LBDD	MMDD
Z5xp1	207	127	69
sao2	253	182	98
bw	295	253	152
alu2	342	166	105
mdiv7	457	296	155
clip	475	280	165
sn74181	2402	1164	634
misex3c	2495	970	538
alu4	3884	1534	937

表 6.10　情况 I 中所有的递推调用次数（分组大小＝2）

名称	MBDD	LBDD	MMDD
con1	84	46	70
xor5	88	63	53
rd53	208	139	115
misex1	230	169	171
squar5	431	136	162
postal	760	153	165
inc	823	285	317
rd73	919	585	479
bw	1215	664	776
rd84	1655	1170	896
5xp1	1699	524	720
Z9sym	1904	439	373
misex2	1981	364	1794
9sym	2056	439	373
Z5xp1	2886	312	360
mdiv7	4842	1634	1594
b12	6942	295	1297

名称	MBDD	LBDD	MMDD
clip	7103	1451	1905
sao2	7757	858	1216
alu2	8366	896	1592
sn74181	161435	13140	31840
misex3c	299793	13372	27122
alu4	474293	15070	43092

表 6.11　情况Ⅱ中所有的模型尺寸（分组大小=3）

名称	MBDD	LBDD	MMDD
xor5	12	9	3
rd53	34	29	11
con1	43	18	11
postal	59	25	10
Z9sym	61	33	11
squar5	81	54	24
9sym	83	33	11
rd73	88	49	18
misex1	115	75	33
rd84	119	71	25
misex2	192	163	77
Z5xp1	216	127	48
inc	217	119	52
sao2	237	182	70
5xp1	253	113	60
bw	259	253	106
b12	310	105	65
clip	402	280	114
alu2	408	166	83
mdiv7	475	296	100

名称	MBDD	LBDD	MMDD
misex3c	2150	970	354
sn74181	2569	1164	492
alu4	3973	1534	682

表 6.12　情况 II 中所有的递推调用次数（分组大小＝3）

名称	MBDD	LBDD	MMDD
xor5	64	63	41
rd53	166	139	107
con1	272	46	170
squar5	343	136	188
misex1	483	169	351
postal	506	153	161
rd73	802	585	451
bw	885	664	664
inc	919	285	467
Z9sym	1404	439	425
9sym	1413	439	425
5xp1	1582	524	924
rd84	1655	1170	896
Z5xp1	2696	312	464
sao2	3434	858	1198
clip	4494	1451	2109
mdiv7	4654	1634	1574
misex2	4733	364	4574
alu2	7985	896	2450
b12	30069	295	5361
misex3c	143130	13372	32450
sn74181	198442	13140	53920
alu4	366561	15070	73556

表 6.13 情况Ⅲ中所有的模型尺寸(分组大小=4)

名称	MBDD	LBDD	MMDD
xor5	18	9	3
rd53	41	29	8
postal	45	25	4
con1	49	18	7
rd73	78	49	12
squar5	81	54	19
Z9sym	84	33	8
misex1	132	75	19
rd84	133	71	16
5xp1	177	113	31
9sym	178	33	17
inc	205	119	43
sao2	210	182	48
Z5xp1	251	127	39
bw	267	253	75
misex2	282	163	66
alu2	516	166	60
b12	521	105	62
clip	576	280	64
mdiv7	662	296	86
misex3c	2599	970	292
sn74181	3035	1164	300
alu4	5098	1534	559

表 6.14 情况Ⅲ中所有的递推调用次数(分组大小=4)

名称	MBDD	LBDD	MMDD
xor5	80	63	49
rd53	186	139	107
squar5	379	136	214

名称	MBDD	LBDD	MMDD
con1	384	46	202
misex1	408	169	311
postal	628	153	241
rd73	647	585	419
inc	907	285	473
bw	954	664	746
rd84	1331	1170	852
5xp1	1352	524	938
Z9sym	1768	524	385
Z5xp1	1982	312	650
9sym	2056	439	373
clip	3513	1451	1981
mdiv7	3912	1634	1818
sao2	4885	858	2132
misex2	11112	364	15490
alu2	11739	896	4168
b12	59861	295	24329
misex3c	159190	13372	53110
sn74181	195125	13140	64832
alu4	294729	15070	87824

考虑将原始输入变量 $b_{g-1}, b_{g-2}, \cdots, b_0$ 以 $g(=2,3,4)$ 个为一组进行分组,以形成具有 2^g(分别为 4,8,16)种元件状态 $s_i \in \{0,1,2,\cdots,2^g-1\}$ 的多态元件,其中 $\boldsymbol{b} = (b_{g-1}, b_{g-2}, \cdots, b_0)$ 是元件状态 s_i 的二元表示。在生成 MMDD 期间按照各组(生成每个多态元件)在输入规范中出现的顺序(从左到右)对多态元件进行排序。对于 MBDD 和 LBDD,将属于同一个元件的变量聚集在一起。在 MBDD 生成中,每个多态元件内的 g 个原始二元输入变量采用 $0<1<2<\cdots<2^g-1$ 的子顺序生成元件的不同状态。在 LBDD 生成中,使用 g 个不同的辅助变量(本质上与 g 个原始输入变量相同)对每个多态元件进行编码时采用 $b_{g-1}<b_{g-2}<\cdots<b_0$ 的子顺序。注意每个系统状态的 LBDD 是辅助变量的函数,其本质上也是原始输入变量的函数,因此对于所有分组大小来说都是规范的。从表 6.9~表 6.14 中的基准测试结果可以看

出,LBDD 模型尺寸和递推调用次数与分组大小无关。每个表都按照各方法的模型尺寸或递推调用次数从小到大的顺序对基准进行了重新排序。

6.7.3 性能比较和讨论

本节基于一些 MSS 示例(见 6.7.1 节)和一组 MCNC 基准(见 6.7.2 节)的实证分析结果,比较不同形式的决策图方法对 MSS 的分析性能。

我们首先比较 MBDD、LBDD 和 MMDD 方法的模型尺寸,分别用 W_B、W_L 和 W_M 表示,然后比较三种方法在模型构建和模型评估运行时的计算复杂度。

6.7.3.1 模型尺寸比较

基于表 6.13 中收集的针对情况Ⅲ(分组大小 = 4)的数据,图 6.23 表示了对于模型尺寸的基准分析结果,对于所有基准示例都有 $W_M < W_L < W_B$。这个结论与表 6.9 和表 6.11 中其他分组大小的模型尺寸数据以及 6.7.1 节中实际 MSS 的分析结果一致。实际上,这是对于 r(一个元件的状态数)是 2 的幂或 $\log_2 r$ 是整数的情况的一般观察结果。

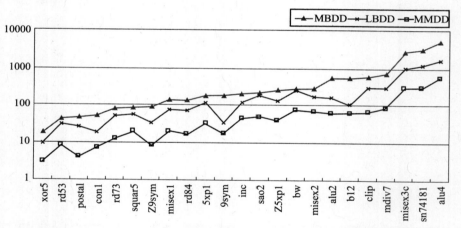

图 6.23　MBDD、LBDD 和 MMDD 方法在对数刻度的模型尺寸对比(分组大小 = 4)

当 $\log_2 r$ 不是整数且系统大小和/或 r 相对较小时可能存在例外,如二极管网络(表 6.5)中的结果为 $W_M < W_B < W_L$。不过,对于其他规模较大或者 r 较大的系统(表 6.6),尽管 $\log_2 r$ 不是整数,但由于 LBDD 中对无关条件的简化使得 W_L 可以小于 W_B。

6.7.3.2 模型构造的运行时间复杂度比较

基于 LBDD 方法中的对数编码将 BDD 的原始系统状态结构函数转换为布尔辅助变量函数。由于辅助布尔变量相互独立,所以传统的 BDD 生成算法可以用于从 MFT 生成 LBDD。由于不需要考虑状态相关性,从 MFT 生成 MMDD 的方法也是对 BDD 生成算法简单直接的扩展。相比之下,MBDD 的生成需要专门的 MDO

操作处理同一元件的布尔变量之间的相关性[33]。

从 MFT 生成决策图的过程中，可以在与子图的大小成比例的时间内，在对应于当前遍历的逻辑门输入的子图之间进行运算处理。特别地，二元运算（与、或）的复杂度为 $O(|G| \times |F|)$，与由 G 和 F 表示的子图大小相关；或者为 $O(b^2 \times n_G \times n_F)$，与子图中的节点数 n_G, n_F 和决策图分支因子 b 相关[16]。假设在模型生成期间，这些系统级模型的观测结果对每个子系统级同样适用，即 $W_B > W_L > W_M$。比较 MBDD 和 LBDD，两者具有相同的分支因子 $b=2$，故其复杂度受子模型尺寸影响，可得 LBDD 通常优于 MBDD。相比之下，当对 MMDD 模型与 MBDD 或 LBDD 模型进行比较时，分支因子 b 和子图模型尺寸均影响运行时的复杂度。因此与 MMDD 的生成时间复杂度相比，MBDD 和 LBDD 的优劣取决于系统状态结构函数。对于实际的 MSS：一般来说 MMDD 具有最低的时间复杂度；其次是 LBDD；最后是 MBDD。

6.7.3.3 模型评估的运行时间复杂度比较

在模型评估时，基于 MBDD 和 LBDD 的方法都需要在传统的 BDD 评估算法基础上进行一些修改，而 MMDD 评估无需任何特殊处理。模型评估的复杂性可以通过递推算法中的递推调用次数来反映。

模型评估过程中的递推调用次数为 $b \times n$，其中 b 为分支因子，n 为决策图的模型尺寸。在没有使用记忆（memoization）技术时，n 表示图完全展开后的模型尺寸，同构子图会因为来自不同父节点的访问而被评估多次。换句话说，递推模型评估过程中的递推调用次数等于决策图中的边数。由于 MBDD 和 LBDD 均具有最小的分支因子（$b=2$），其复杂度仅受 n 影响；而 MMDD 同时受 b 和 n 的影响。从表 6.14 中的基准结果或根据其中关于 MBDD、LBDD 和 MMDD 模型的数据所绘制的图 6.24 可以看出，当分组大小 $=4$ 时，基于 LBDD 的方法的递推调用次数小于基于 MBDD 和 MMDD 的方法，其中 MBDD 性能最差。这个结论与表 6.10 和表 6.12 中分组大小为其他值时以及 6.7.1 节中分析实际 MSS 时的结果一致。

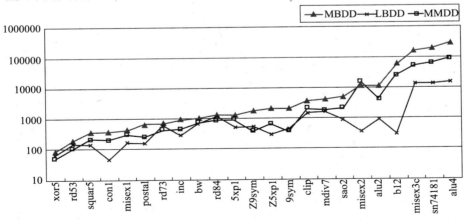

图 6.24　MBDD、LBDD 和 MMDD 方法的递推调用次数对比（分组大小＝4）

85

然而,当采用 memoization 方法的动态编程概念[207]并以自下而上的方式评估基于 MBDD、LBDD 或 MMDD 模型图中的重叠子问题时,评估算法的复杂度可以降低至 $O(n)$,其中 n 是简化的决策图中对应的节点数。因此,在使用 memoization 方法时,基于 MMDD 的方法比其他两种基于决策图的方法更直接,计算效率更高,对于所选 MCNC 基准示例的自下而上评估的时间,如图 6.25 所示。

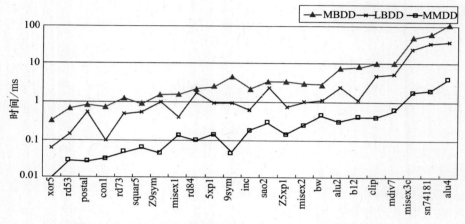

图 6.25　MCNC 基准示例的自下而上评估的时间(单位为 ms)

虽然基于 MMDD 的方法比基于 MBDD 和 LBDD 的方法更高效,但研究人员无法使用常用的基于二元逻辑的软件包来生成和分析 MSS 模型。相反,他们不得不求助于基于多值逻辑的软件包,但其实施效率可能不如经过了广泛测试的 BDD 软件包。因此,LBDD 方法提出了一种将 MSS 的多值域转换为等效的辅助二元域的折中方法,并生成比 MBDD 方法更小的系统模型尺寸。而且一般来说,LBDD 评估比 MBDD 评估效率更高。

6.8 小　　结

本章介绍了用于 MSS 分析的三种基于决策图的方法:MBDD,LBDD 和 MMDD。对三种方法的性能进行比较后得出,基于 MMDD 方法生成的模型尺寸最小而基于 MBDD 方法的模型尺寸最大。LBDD 或 MMDD 模型的生成与用于二元系统的传统 BDD 模型的生成一样简单,因为其输入变量之间没有相关性;相反,MBDD 需要专门的 MDO 操作处理同一元件不同状态的布尔变量之间的相关性。

通过采用自下而上的评估和 memoization 技术,使得决策图评估算法的计算复杂度与模型中的节点数呈线性关系。因此,基于 MMDD 方法具有最低的评估复杂度,而基于 MBDD 方法的评估复杂度最高。在可用软件包和计算效率方面,基于 LBDD 方法在基于 MMDD 和 MBDD 的方法之间进行了折中。

第7章 容错系统和覆盖模型

容错系统(Fault Tolerant System,FTS)是一种即使存在硬件故障或软件错误也能够继续正常运行的系统[208,209]。容错性是使系统能够实现容错操作的属性,已成为应用于航空航天、飞行控制、核电站、数据存储系统和通信系统等许多关乎生命或关乎任务的系统的基本架构属性[210,211]。

FTS 的实现通常需要使用某种形式的冗余,冗余就是超出系统正常运行所需的资源(硬件、软件、信息、时间)[208]。基于冗余技术,自动恢复和重构机制(包括故障检测、定位、隔离和恢复)对于实现容错功能发挥了重要作用。不过,这些机制可能失效,从而导致系统不能充分地检测、定位、隔离或恢复其中发生的故障。尽管存在足够的冗余,上述未覆盖的故障仍可以在系统中转播,并导致整个系统或子系统失效,这种现象称为不完全覆盖(Imperfect Coverage,IPC)[212-214]。

举一个 IPC 现象的具体例子,考虑由一个主处理器和一个备用处理器组成的热备份处理器子系统,备用处理器在主处理器故障时切换到工作状态。在理想情况下,只要两个处理器中的一个正常工作,处理器子系统即可正常工作。不过,事实上在使用备用处理器之前,必须对主处理器的故障进行成功检测和适当处理。另一例子是,计算系统中一个未检测的故障会影响后续操作,而后对错误数据的运算会导致整个计算任务的失败[215]。在配电系统[210]、通信和传输系统[216]、负载共享系统[217]和数据存储系统[218]中也有很多案例。

IPC 引入了额外的故障模式,在对容错系统进行可靠性分析时必须考虑到这种额外故障模式以保证结果的准确性。具体来说,分析时必须考虑到多种故障模式(覆盖故障和未覆盖故障)。由于未覆盖的元件故障可能导致整个系统的失效,因此存在 IPC 时过多的冗余甚至可能降低系统的可靠性。对用于容错系统可靠性分析的不完全覆盖建模已经有了大量的研究[22,28,40,219-222]。

本章首先介绍 IPC 的基本类型(见 7.1 节)和建模(见 7.2 节);然后讨论对二态系统(见 7.3 节)、多态系统(见 7.4 节)和多阶段任务系统(见 7.5 节)考虑了IPC 的基于决策图的可靠性分析方法;最后在 7.6 节进行小结。

7.1 基 本 类 型

基于不同的容错技术,不完全覆盖可以分为三类[223,224]:①部件级覆盖(Element Level Coverage,ELC)或单故障模型;②故障级覆盖(Fault Level Coverage,FLC)或多故障模型;③性能依赖覆盖(Performance Dependent Coverage,PDC)。
在 ELC 中,每个冗余部件都具有特定的故障覆盖并且与特定的覆盖率相关联,该覆盖率与同一系统内其他部件的状态无关。在 ELC 模型中,恢复机制的有效性取决于单个故障的发生。具有 ELC 的多部件系统可以容忍多个共存的单故障。不过,对于任何给定的故障,恢复机制的成功或失败与其他部件是否故障无关。

在 FLC 中,故障覆盖取决于冗余集内的故障顺序,并且故障覆盖率是集合内的故障部件数的函数[225]。在 FLC 模型中,恢复机制的有效性取决于恢复窗口内多个元件故障的发生率。

为了说明 ELC 和 FLC 之间的差异,考虑一个多信道数据传输系统[224],其中一个数据包被分成几个子包,以通过不同的并联信道实现快速传输。如果一些信道发生故障并被成功地检测到,则一个自动的数据重新配置系统可以将故障信道中的子数据包分配到剩余的正常信道中以继续传输任务,同时系统性能(带宽)会降低。然而,在实际中可能未检测到信道故障,因此系统不会进行适当的再配置并继续向故障通道分配一些子数据包。这些子包将会丢失并导致整个数据传输任务的失败。根据所使用的容错机制,ELC 和 FLC 都可用于对数据传输系统的 IPC 的建模。具体来说,如果每个通信信道都具有独立的局部故障检测和恢复机制,则适合采用 ELC 模型。在这种情况下,信道故障覆盖率与故障信道数无关。如果所有信道共享一个公共的全局故障检测和恢复机制,则该公共机制的性能或效率取决于其同时监视的正常工作信道数。在这种情况下,信道故障覆盖率取决于工作信道的数量,因此适合采用 FLC 模型。

如果系统故障恢复机制的有效性取决于整个系统的状况或性能水平,则属于 PDC 类型。这种类型的 IPC 通常适用于系统故障检测和恢复功能通过系统部件与其主要功能并行运行的系统。例如,考虑一个数字数据通信系统,其中同一组处理器同时具有数据交换和故障检测功能。故障覆盖率取决于处理器的负载及其总性能,即处理速度。

本章后续部分主要讨论关于 ELC 的建模和介绍对具有 ELC 的系统进行可靠性分析的基于决策图的方法。对具有 FLC 和 PDC 的容错系统的建模和分析参见文献[22,40,220-225]。

7.2　不完全覆盖模型

故障覆盖率是系统执行故障检测、故障定位、故障控制和/或故障恢复的能力的度量。1969 年,Bouricius[226]等人在其开创性论文中提出故障覆盖率(也称为覆盖因子),其定义为在发生元件故障时系统成功恢复的条件概率。自那时起,覆盖率的概念作为可靠性领域中一个重要关注点得到迅速和广泛的认可,对完善覆盖率概念[227,228]、估计相关覆盖参数[229]、考虑覆盖因子的元件或系统级可靠性模型[230,231]以及建模工具[232-234]开展了广泛的研究。

本节详细介绍了由 Dugan 和 Trivedi[214] 提出的不完全覆盖模型（Imperfect Coverage Model，IPCM）。在后续章节中，针对不同类型系统可靠性分析中的覆盖效应，利用 IPCM 进行了建模。

图 7.1 表示了 IPCM 的一般结构[214]，对发生元件故障事件所触发的恢复过程进行了建模。

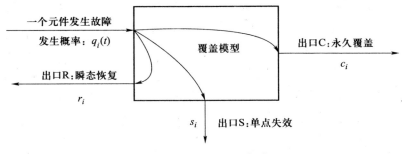

图 7.1　IPCM 的结构[214]

模型具有单一的入口点，用于表示元件故障的发生；有三个不相交的出口代表三种互斥的可能结果。

（1）瞬态恢复出口 R 表示成功从短暂故障中恢复，将系统修复到运行状态而不用舍弃任何元件。

（2）永久性覆盖出口 C 表示确定故障为永久性的，并成功地隔离和移除故障元件。

（3）单点失效出口 S 表示由于未覆盖的元件故障，使得单个元件故障导致整个系统失效。具体来说，系统失效的原因是未检测到的或未覆盖的元件故障在系统中传播，或是故障元件不能被隔离并且系统不能被重新配置。

在系统可靠性分析的背景下，需要知道元件 i IPCM 的三个出口的概率用 r_i，c_i，s_i 表示，在文献中也称为故障覆盖因子。由于三个出口是事件空间的一个划分，故三个因子之和为 1，即 $r_i+c_i+s_i=1$。r_i，c_i，s_i 的值可以采用故障注入等方法确定[214,229]。

基于 IPCM，元件 i 未发生失效（用 NF_i 表示）、发生覆盖失效 CF_i 和发生未覆盖失效 UF_i 的概率分别为

$$\begin{cases} n[i] = \Pr\{\mathrm{NF}_i\} = 1 - q_i(t) + q_i(t)r_i \\ c[i] = \Pr\{\mathrm{CF}_i\} = q_i(t)c_i \\ u[i] = \Pr\{\mathrm{UF}_i\} = q_i(t)s_i \end{cases} \qquad (7.1)$$

式中，$q_i(t)$ 为元件 i 的故障函数，可由元件的故障时间分布得到。例如，如果元件 i 的故障时间服从具有恒定故障率 λ_i 的指数分布，则 $q_i(t) = 1-\exp(-\lambda_i, t)$。

图 7.2 表示了具有 IPC 的元件 i 的事件和概率空间。

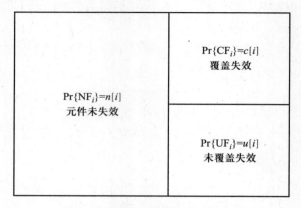

图 7.2　元件 i 的概率和事件空间

7.3　二态系统中的应用

为了在二态系统的可靠性分析中考虑不完全故障覆盖的影响,研究了基于 BDD 的显式和隐式方法。本节解释了文献[20]中介绍的显式方法(本书中称为 BDD 扩展方法)和文献[235]中提出的隐式方法(本书中称为简单有效的算法)。

7.3.1　BDD 扩展方法

BDD 扩展方法通过在遍历系统 BDD 模型的路径中显式地插入 IPCM 来分析具有 IPC 的二态系统的可靠性,如图 7.3 所示。

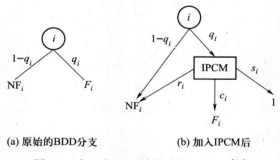

(a) 原始的BDD分支　　　　　(b) 加入IPCM后

图 7.3　在一个 BDD 路径中加入 IPCM[20]

具体来说,当 BDD 被遍历到一个可以产生未覆盖故障的节点 i 时,将 IPCM 插入到节点 i 的故障分支(在图 7.3 中指向 F_i 的分支)的路径上。原始"非故障"分支(左分支)和 IPCM 的出口 R 均指向 NF_i;IPCM 的出口 C 指向 F_i;由于未覆盖的元件故障导致了整个系统失效,IPCM 的出口 S 指向汇聚节点"1"。

在 BDD 扩展方法中,如果为了生成精简有序 BDD(ROBDD)模型而删除的一些无用节点(见 3.3.3 节)能够产生未覆盖故障,应该将其添加回 BDD 模型,因为其未覆盖故障仍然可能导致系统失效。

举例来说,图 7.4 表示了节点 $i+1$ 是无用节点而从系统 BDD 模型中移除的情况,因为其(覆盖的)故障对该路径的系统不可靠性没有影响。在考虑 IPC 的 BDD 扩展方法中,如果节点 $i+1$ 可能出现未覆盖故障,则应该将其与对应的 IPCM 一起添加回路径,如图 7.5 所示。"非故障"分支以及节点 $i+1$ 的 IPCM 的出口 R 和 C 均指向节点 $i+2$;由于元件 $i+1$ 的未覆盖故障导致了整个系统失效,出口 S 指向汇聚节点"1"。

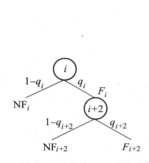

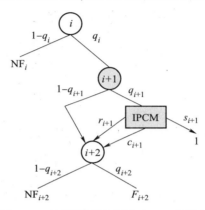

图 7.4　具有无用节点 $i+1$ 的原始 BDD　　　图 7.5　对被删除的无用节点 $i+1$ 的处理

在所有可能产生未覆盖故障的节点中插入 IPCM 之后,考虑 IPC 的系统的不可靠性可以通过传统的 BDD 评估方法(见 3.4 节)获得,也就是将从根节点到汇聚节点"1"的所有路径的概率相加。类似地,系统的可靠性也可以通过将从根节点到汇聚节点"0"的所有路径的概率相加来获得。

例如,考虑一个包含两个元件 A 和 B 的简单并联系统。图 7.6(a)表示了其故障树模型,图 7.6(b)表示了不考虑 IPC 影响的 BDD 模型。

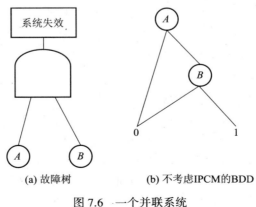

(a) 故障树　　　　　　(b) 不考虑IPCM的BDD

图 7.6　一个并联系统

假设 A 和 B 均会产生未覆盖故障,应用 BDD 扩展方法,插入了所有 IPCM 的 BDD 模型如图 7.7 所示。共有 5 条不相交的从根节点到汇聚节点"1"的路径:

路径 1:A 发生未覆盖故障;

路径 2:A 发生覆盖故障,B 发生覆盖故障;

路径 3:A 发生覆盖故障,B 发生未覆盖故障;

路径 4:A 发生瞬态故障,B 发生未覆盖故障;

路径 5:A 未发生故障,B 发生未覆盖故障。

因此,系统的不可靠性即为上述 5 条路径的概率之和:

$$UR^{\mathrm{I}}(t) = \sum_{i=1}^{5} \mathrm{Pr}\{路径 - i\}$$

$$= q_A s_A + q_A c_A q_B (c_B + s_B) + q_A r_A q_B s_B + (1 - q_A) q_B s_B \qquad (7.2)$$

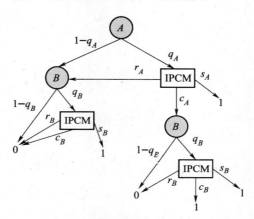

图 7.7 示例并联系统的扩展 BDD

假设 $q_A = q_B = 0.1$,$r_A = r_B = 0.8$,$c_A = c_B = 0.15$,$s_A = s_B = 0.05$,则可以计算出具有 IPC 的示例并联系统的不可靠性为 0.0102。

作为对比,评估图 7.6(b)中的 BDD 模型,可计算出示例并联系统在不考虑 IPC 情况下的不可靠性为 0.01。能够直观地看出,不完全故障覆盖会使系统不可靠性增加,因为任何元件的未覆盖故障都会导致整个系统失效。

7.3.2 简单有效的算法

在简单有效的算法(Simple and Efficient Algorithm, SEA)[235]中,对于考虑了 IPC 的系统可靠性(用 $R^{\mathrm{I}}(t)$ 表示),可采用全概率定理,利用在完全覆盖模型下对应的系统可靠性(用 $R^{\mathrm{c}}(t)$ 表示)计算,公式如下:

$$R^{\mathrm{I}}(t) = \mathrm{Pr}\{系统运行 \mid 至少一个未覆盖故障\}$$

$$* \mathrm{Pr}\{至少一个未覆盖故障\} + \mathrm{Pr}\{系统运行 \mid 没有未覆盖故障\}$$

$$* \mathrm{Pr}\{没有未覆盖故障\}$$

$$= 0 * [1 - P_u(t)] + R^C(t) * P_u(t)$$

$$= P_u(t) R^C(t) \tag{7.3}$$

式中，$P_u(t)$ 为没有元件会产生未覆盖故障的概率，其计算公式为

$$P_u(t) = \prod_{\forall i} \Pr\{元件 \ i \ 不会发生未覆盖故障\}$$

$$= \prod_{\forall i} (1 - s_i q_i(t))$$

$$= \prod_{\forall i} (1 - u[i]) \tag{7.4}$$

为了评估 $R^C(t) = \Pr\{系统运行 \mid 没有未覆盖故障\}$，将元件故障概率 $q_i(t)$ 改为条件是此元件没有发生未覆盖故障的条件概率 $\tilde{q}_i(t)$：

$$\tilde{q}_i(t) = \frac{c_i q_i(t)}{(1 - s_i q_i(t))} = \frac{c[i]}{1 - u[i]} \tag{7.5}$$

利用修改后的元件失效率 $\tilde{q}_i(t)$，可采用传统的 BDD 方法等任意忽略故障覆盖的组合方法来评估 $R^C(t)$。

举例说明：考虑 7.3.1 节中的示例并联系统，由式（7.3）可得考虑了 IPC 的系统可靠性为 $R^I(t) = P_u(t) R^C(t)$。根据式（7.1），元件的覆盖和未覆盖的失效概率分别为

$$\begin{cases} c[A] = q_A(t) c_A, c[B] = q_B(t) c_B \\ u[A] = q_A(t) s_A, u[B] = q_B(t) s_B \end{cases}$$

使用与 7.3.1 节中相同的参数值（$q_A = q_B = 0.1, r_A = r_B = 0.8, c_A = c_B = 0.15, s_A = s_B = 0.05$），可得 $c[A] = c[B] = 0.015, u[A] = u[B] = 0.005$。

由式（7.4）可得，$P_u(t) = (1 - u[A])(1 - u[B]) = 0.990025$。由式（7.5）可得，元件 A 和 B 经修改后的失效概率分别为

$$\tilde{q}_A(t) = \frac{c[A]}{1 - u[A]} = 0.015075$$

和

$$\tilde{q}_B(t) = \frac{c[B]}{1 - u[B]} = 0.015075$$

为了计算 $R^C(t)$，使用经修改的元件失效概率来评估图 7.6（b）中不考虑 IPCM 的 BDD 模型：

$$R^C(t) = 1 - \tilde{q}_A(t) \tilde{q}_B(t) = 1 - (0.015075)^2$$

最后，结合 $P_u(t)$ 和 $R^C(t)$，由式（7.3）可得考虑了 IPC 的系统的可靠性为

$$R^I(t) = P_u(t) R^C(t) = 0.9898$$

因此系统的不可靠性为 $1 - R^I(t) = 0.0102$，与 7.3.1 节中采用 BDD 扩展方法得到的结果一致。

SEA 方法的优点是它可以与任何不考虑故障覆盖的组合求解方法一起,用于对具有 IPC 的系统进行可靠性评估。换句话说,可靠性工程师可以使用任何不考虑 IPC 的组合可靠性分析软件(无需进行修改),并通过简单地更改输入和输出得到具有 IPC 的系统的可靠性。图 7.8 表示了 SEA 方法及其与传统故障树分析软件包的集成。

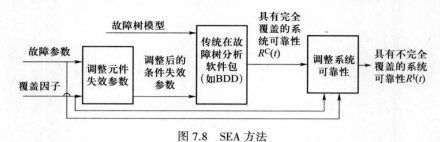

图 7.8　SEA 方法

7.4　多态系统中的应用

在第 6 章中讨论过,MSS 及其元件可以呈现多个性能级别或状态[36]。在 MSS 可靠性分析中加入 IPC 的挑战是除了要处理 MSS 及其元件的非二态属性(多个性能级别或降级)之外,还要处理覆盖故障和未覆盖故障。

考虑一个包含 n 个多态元件的 MSS,每个元件 i 具有 m_i 种状态($i=1,2,\cdots,n$),MSS 自身处在 h 种系统状态或性能级别中的某一种。在 IPCM 中,每个元件需要增加一个额外状态,使得元件 i 的状态总数变为(m_i+1)。为了简单起见,用状态 0 表示对应于元件 i 未覆盖故障的状态,用状态 1 表示对应于元件 i 覆盖故障的状态。

图 7.9 表示了多态元件 i 的事件和概率空间。其中 $p_{i,j}^I(t)=\mathrm{Pr}\{$ 在 IPCM 中元件 i 在 t 时刻处于状态 $j\}$。

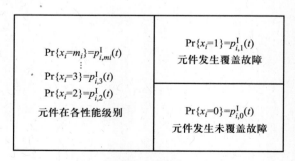

图 7.9　多态元件 i 的概率空间[195]

文献[195]基于 BDD 类方法对 SEA 法(见 7.3.2 节)进行了扩展,用于 MSS 中。不过文献[195]中的方法有两个局限:①必须处理对应于每个元件状态的多个布尔变量,并且必须采用多态相关运算来正确地处理表示同一元件、不同状态的布尔变量之间的相关性(见 6.4 节);②元件或系统的状态必须是有序的。本节介绍了一种基于 MMDD 的组合方法,可以去除这些限制[236]。

与 SEA 思想类似,全概率定理用于将具有 IPCM 的原始 MSS 可靠性问题分解为完全故障覆盖问题,然后采用基于 MMDD 的方法(见 6.6 节)解决。

具体来说,可以使用全概率定理来评估 IPCM 下的 MSS 处于的特定非故障状态 S_k 的概率 $P_{S_k}^{\mathrm{I}}(t) = \mathrm{Pr}\{S_k\}$:

$$P_{S_k}^{\mathrm{I}}(t) = \mathrm{Pr}\{S_k \mid \text{至少有一个未覆盖故障(UF)}\}$$
$$* \, \mathrm{Pr}\{\text{至少有一个 UF}\}$$
$$+ \mathrm{Pr}\{S_k \mid \text{无 UF}\} * \mathrm{Pr}\{\text{无 UF}\}$$
$$= 0 * [1 - P_u(t)] + P_{S_k}^{\mathrm{C}}(t) * P_u(t)$$
$$= P_u(t) P_{S_k}^{\mathrm{C}}(t) \tag{7.6}$$

式中,$P_u(t)$ 为没有元件会产生未覆盖故障的概率,其值为

$$P_u(t) = \prod_{\forall i} \mathrm{Pr}\{\text{元件 } i \text{ 无 UF}\}$$
$$= \prod_{\forall i} (1 - p_{i,0}^{\mathrm{I}}(t)) \tag{7.7}$$

式中,$p_{i,0}^{\mathrm{I}}(t)$ 为元件 i 处于未覆盖故障状态 0 的概率。

与 SEA 法类似,在采用式(7.6)计算 $P_{S_k}^{\mathrm{C}}(t) = \mathrm{Pr}\{S_k \mid \text{无 UF}\}$ 之前,每个 IPCM 下的元件 i 处于状态 j 的概率 $p_{i,j}^{\mathrm{I}}(t)$ 必须按式(7.8)转换为假设元件 i 未发生未覆盖故障的条件状态概率 $P_{i,j}^{\mathrm{C}}(t)$,即

$$P_{i,j}^{\mathrm{C}}(t) = \mathrm{Pr}\{x_i^{\mathrm{I}} = j \mid x_i^{\mathrm{I}} \neq 0\}$$
$$= p_{i,j}^{\mathrm{I}}(t) / (1 - p_{i,0}^{\mathrm{I}}(t)) \tag{7.8}$$

使用转换后的条件元件状态概率,$P_{S_k}^{\mathrm{C}}(t)$ 可采用基于 MMDD 的方法(见 6.6 节)进行评估。

举例说明:考虑一个文献[195,236]中的示例桥接网络,如图 7.10 所示。此网络是一个 MSS,其中每个链路具有 6 种链路容量或性能级别(包括一个未覆盖故障状态)。

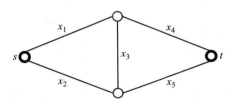

图 7.10　一个多态桥接网络示例

整个网络可以处于可接受或良好状态,分别由以下结构函数表示:

$$\boldsymbol{\Phi}_{\text{可接受}} = x_{1;2} x_{3;2} x_{5;2} + x_{1;2} x_{4;2} + x_{2;2} x_{5;2} + x_{2;2} x_{3;2} x_{4;2}$$
$$\boldsymbol{\Phi}_{\text{良好}} = x_{1;2} x_{3;2} x_{5;2} + x_{1;5} x_{4;4} + x_{2;2} x_{5;2} + x_{2;2} x_{3;2} x_{4;2}$$

式中,$x_{i,j}$ 表示链路 i 处于 j 或更高性能级别。

表 7.1 表示了假设所有链路都统计相同的情况下桥接网络链路的元件状态概率。在完全覆盖情况下,$p_{i,j}^{\mathrm{I}}(t)$ 与 $p_{i,j}^{\mathrm{C}}(t)$ 的值相同;在不完全覆盖情况下,$p_{i,j}^{\mathrm{C}}(t)$ 由对应的 $p_{i,j}^{\mathrm{I}}(t)$ 经式(7.8)计算得到。

表 7.1 元件状态占用概率

状态 j	完全覆盖		不完全覆盖			
			情况 1		情况 2	
	$p_{i,j}^{\mathrm{I}}(t)$	$p_{i,j}^{\mathrm{C}}(t)$	$p_{i,j}^{\mathrm{I}}(t)$	$p_{i,j}^{\mathrm{C}}(t)$	$p_{i,j}^{\mathrm{I}}(t)$	$p_{i,j}^{\mathrm{C}}(t)$
0	—	—	0.1	—	0.2	—
1	0.1	0.1	0.1	0.111111	0.1	0.1250
2	0.2	0.2	0.2	0.222222	0.2	0.2500
3	0.3	0.3	0.3	0.333333	0.2	0.2500
4	0.3	0.3	0.2	0.222222	0.2	0.2500
5	0.1	0.1	0.1	0.111111	0.1	0.1250

假设没有链路会发生未覆盖故障条件下,基于 6.6 节中的 MMDD 方法为系统状态 $\Phi_{可接受}$ 和 $\Phi_{良好}$ 生成的 MMDD 模型分别如图 7.11 和图 7.12 所示。采用 $x_1<x_2<x_3<x_4<x_5$ 的变量排序来生成 MMDD 模型。为了简化表达,将指向同一个子节点的来自非汇聚节点的边组合在一起。

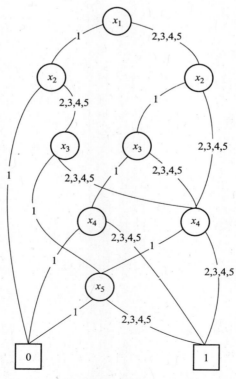

图 7.11 示例 MSS$\Phi_{可接受}$状态的 MMDD[236]

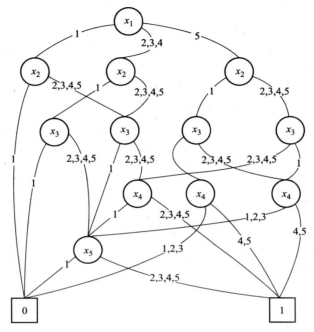

图 7.12　示例 MSS$\Phi_{良好}$状态的 MMDD[236]

使用 $p^{C}_{i,j}(t)$ 评估这些 MMDD 模型,得到在假设完全覆盖的条件下系统状态 $\Phi_{可接受}$ 和 $\Phi_{良好}$ 的概率($\Pr(\Phi^{C}_{可接受})$,$\Pr(\Phi^{C}_{良好})$)。利用表 7.1 中的参数,根据式 (9.7)计算 $P_u(t)$,最后根据式(9.6)得到最终系统状态概率 $\Pr(\Phi^{I}_{可接受})$ 和 $\Pr(\Phi^{I}_{良好})$ 如表 7.2 所列。

表 7.2　示例 MSS 的分析结果

完全覆盖				$\Pr(\Phi^{I}_{可接受})$	$\Pr(\Phi^{I}_{良好})$
				0.97848	0.95692
不完全覆盖	情况 1	P_u	0.590490	0.57472	0.55947
		$\Pr(\Phi^{C}_{可接受})$	0.973293		
		$\Pr(\Phi^{C}_{良好})$	0.947467		
	情况 2	P_u	0.327680	0.31654	0.30642
		$\Pr(\Phi^{C}_{可接受})$	0.966003		
		$\Pr(\Phi^{C}_{良好})$	0.935120		

7.5　多阶段任务系统中的应用

在第 5 章中已讨论过,PMS 是一种包含多个、连续和非重叠的操作阶段或任务的系统。在 PMS 可靠性分析中加入 IPC 的挑战在于:需要处理由 IPC 引起的多种故障模式以及处理不同任务阶段的动态行为和阶段相关性。

基于第 5 章中用于 PMS 可靠性分析的 BDD 类方法,可根据小元件的概念将 SEA 方法进行扩展,以应对在 PMS 分析中加入 IPC 产生的影响[49]。与二态单阶段系统的解决方案类似,其基本思想是基于全概率定理将所有元件未覆盖故障从组合的 PMS 可靠性解决方案中分离。

7.5.1　小元件概念

小元件概念是由 Esary 和 Ziehms 在 1975 年提出的,用于处理给定元件在各阶段的统计相关性[179],其思想是将每个阶段中的一个元件用一系列具有统计独立性的小元件代替。

考虑一个不可修复的 PMS 中的处于阶段 j 的元件 A。根据小元件概念,它被替换为一系列统计独立的小元件$(a_1, a_2, \cdots, a_j)$,如图 7.13 所示。元件与其小元件之间的逻辑关系为 $A_j = a_1 a_2 \cdots a_j$,其含义为 A 在阶段 j 中是运行的(用 $A_j = 1$ 表示)当且仅当它在所有先前阶段中都正常运行,由图 7.13 中的 RBD 格式表示。换句话说,A 在阶段 j 中失效(用 $A_j = 0$ 表示)当且仅当它在阶段 j 或任何先前阶段中失效:$\overline{A_j} = \overline{a_1} + \overline{a_2} + \cdots + \overline{a_j}$,由图 7.13 中的故障树格式表示。

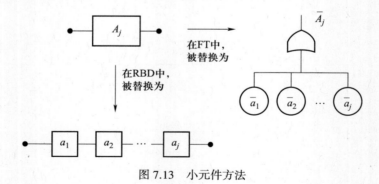

图 7.13　小元件方法

定义 $A(t)$ 为 PMS 中元件 A 的状态指示变量,设 $q_{a_i}(t)$ 为元件 A 在阶段 $i-1$ 未失效的前提下,元件 A 在阶段 i 中的小元件 a_i 的失效函数。则 $A(t)$ 与 $q_{a_i}(t)$ 的关系为

$$q_{a_i}(t) = \begin{cases} \Pr(A(t) = 0), & i = 1 \\ \Pr(A(t + T_{i-1}) = 0 \mid A(T_{i-1}) = 1), & 1 < i \leqslant j, t \leqslant T_i \end{cases} \tag{7.9}$$

式中,t 从阶段 i 的开始测量,并且 T_{i-1} 为阶段 $i-1$ 的持续时间。

在 PMS 可靠性分析中,小元件失效函数 $q_{a_i}(t)$ 通常以条件失效时间分布的形式作为输入,其条件为 a_{i-1} 成功。

给定每个小元件的覆盖因子 $r_{a_i}, c_{a_i}, s_{a_i}$,根据式(7.1)可得,小元件 a_i 不发生失效(用 NF_{a_i} 表示)、发生覆盖失效(用 CF_{a_i} 表示)以及发生未覆盖失效(用 UF_{a_i} 表示)的概率分别为

$$\begin{cases} n[a_i] = \Pr\{\mathrm{NF}_{a_i}\} = 1 - q_{a_i}(t) + q_{a_i}(t)r_{a_i} \\ c[a_i] = \Pr\{\mathrm{CF}_{a_i}\} = q_{a_i}(t)c_{a_i} \\ u[a_i] = \Pr\{\mathrm{UF}_{a_i}\} = q_{a_i}(t)s_{a_i} \end{cases} \tag{7.10}$$

7.5.2 用于 PMS 的 SEA 扩展算法

基于 SEA 方法(见 7.3.2 节),存在 IPC 的 PMS 的可靠性为 $R^{\mathrm{I}}(t) = P_u(t)R^{\mathrm{C}}(t)$。因此,存在 IPC 的 PMS 的不可靠性为

$$\begin{aligned} UR^{\mathrm{I}}(t) &= 1 - P_u(t)R^{\mathrm{C}}(t) \\ &= 1 - P_u(t)(1 - UR^{\mathrm{C}}(t)) \\ &= 1 - P_u(t) + P_u(t)UR^{\mathrm{C}}(t) \end{aligned} \tag{7.11}$$

图 7.14 表示了用于包含 n 个元件和 m 个阶段的 PMS 的可靠性分析的扩展

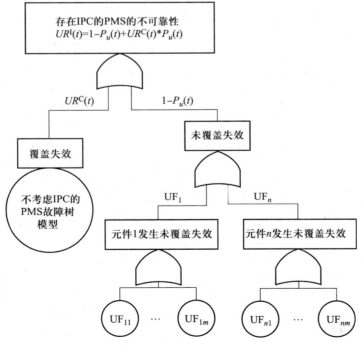

图 7.14　用于存在 IPC 的 PMS 的可分离方法

SEA 方法。图中：UF_i 为一个表示元件 i 发生未覆盖故障的事件，不同元件的 UF_i 之间是统计独立的；UF_{ij} 表示元件 i 在阶段 j 发生未覆盖故障，或等价于小元件 i_j 发生未覆盖故障。同一个元件的不同 $UF_{ij}(j=1,2,\cdots,m)$ 之间具有相关性，需要在求解时进行处理。

与式(7.4)类似，式(7.11)中的 $P_u(t)$ 表示所有小元件均不会产生未覆盖故障的概率，其计算公式为

$$P_u(t) = \Pr(\overline{UF_1} \cap \overline{UF_2} \cap \cdots \cap \overline{UF_n})$$

$$= \prod_{A=1}^{n}(1 - \Pr(UF_A)) = \prod_{A=1}^{n}(1 - u[A])$$

$$= \prod_{A=1}^{n}(1 - u[A_m]) \tag{7.12}$$

式中，$u[A]$ 为元件 A 在整个任务过程中发生未覆盖故障的概率，即 $u[A_m]$ 表示 A 在最后一个阶段 m 结束之前发生未覆盖故障的概率。

基于 7.5.1 节中讨论的小元件概念以及一个元件在阶段 j 发生未覆盖故障（失效）的前提条件是其在之前的阶段均正常这一事实，$u[A_j] = \Pr(A$ 在阶段 j 结束前发生未覆盖故障) 的计算公式为

$$u[A_j] = \Pr(UF_{A_j})$$

$$= \Pr(任意小元件 a_{i \in \{1,2,\cdots,j\}} 发生未覆盖故障)$$

$$= \Pr(UF_{a_1} \cup (NF_{a_1} \cap UF_{a_2}) \cup \cdots \cup (NF_{a_1} \cap \cdots \cap NF_{a_{j-1}} \cap UF_{a_j}))$$

$$= u[a_1] + n[a_1]u[a_2] + \cdots + n[a_1]n[a_2]\cdots n[a_{j-1}]u[a_j]$$

$$= u[a_1] + \sum_{i=2}^{j}\left(\prod_{k=1}^{i-1}n[a_k]\right) * u[a_i] \tag{7.13}$$

当 $j=1$ 时，根据定义 $u[A_1] = u[a_1]$。

同理，未失效概率 $n[A_j] = \Pr(A$ 在阶段 j 结束前未发生故障) 可由式(7.14)计算。当 $j=1$ 时，根据定义 $n[A_1] = n[a_1]$，有

$$n[A_j] = \Pr(NF_{A_j})$$

$$= \Pr(所有小元件 a_{i \in \{1,2,\cdots,j\}} 均未发生故障)$$

$$= \Pr(NF_{a_1} \cap \cdots \cap NF_{a_{j-1}} \cap NF_{a_j})$$

$$= n[a_1]n[a_2]\cdots n[a_{j-1}]n[a_j] = \prod_{i=1}^{j}n[a_i] \tag{7.14}$$

发生覆盖故障（失效）的概率 $c[A_j] = \Pr(A$ 在阶段 j 结束前发生覆盖故障) 可由式(7.15)计算。当 $j=1$ 时，根据定义 $c[A_1] = c[a_1]$，有

$$c[A_j] = \Pr(CF_{A_j})$$

$$= \Pr(任意小元件 a_{i \in \{1,2,\cdots,j\}} 发生覆盖故障)$$

$$= \Pr(CF_{a_1} \cup (NF_{a_1} \cap CF_{a_2}) \cup \cdots \cup (NF_{a_1} \cap \cdots \cap NF_{a_{j-1}} \cap CF_{a_j}))$$

$$= c[a_1] + n[a_1]c[a_2] + \cdots + n[a_1]n[a_2]\cdots n[a_{j-1}]c[a_j]$$

$$= c[a_1] + \sum_{i=2}^{j}\left(\prod_{k=1}^{i-1} n[a_k]\right) * c[a_i] \tag{7.15}$$

为评估式(7.11)中的 $UR^c(t)$,将每个元件 A 在每个阶段 j 的故障函数修改为以整个任务过程中没有发生未覆盖故障为前提的条件故障概率。修改后概率 $\mathrm{Pr}^c(A_j)$ 的计算公式为

$$\mathrm{Pr}^c(A_j) = \mathrm{Pr}(\mathrm{CF}_{A_j} \mid \overline{\mathrm{UF}_A}) = \frac{c[A_j]}{1 - u[A]} = \frac{c[A_j]}{1 - u[A_m]} \tag{7.16}$$

利用修改后的元件故障概率,可采用对不考虑 IPC 的 PMS 进行分析的基于 BDD 的方法(见第5.3节)评估 $UR^c(t)$。

经过总结,采用扩展 SEA 方法对存在 IPC 的 PMS 进行可靠性分析步骤如下:

(1) 使用式(7.10)计算每个元件 A 在每个阶段 j 的小元件事件概率:$u[a_j]$,$n[a_j]$,$c[a_j]$;

(2) 使用式(7.13)~式(7.15)以及步骤(1)中的小元件事件概率计算每个元件 A 在每个阶段 j 的事件概率:$u[A_j]$,$n[A_j]$,$c[A_j]$;

(3) 使用式(7.12)计算 $P_u(t)$;

(4) 使用式(7.16)计算每个元件 A 在每个阶段 j 的修改后的条件故障概率 $\mathrm{Pr}^c(A_j)$。

(5) 使用5.3节中介绍的方法生成 PMS BDD 模型,该方法涉及变量排序、生成单阶段 BDD 并采用阶段相关运算将其组合在一起来得到最终的 PMS BDD;

(6) 使用5.3.4节中的评估算法和步骤(4)中经修改的元件故障概率,根据 PMS BDD 递推地计算 $UR^c(t)$;

(7) 将 $UR^c(t)$ 和 $P_u(t)$ 代入式(7.11)得到最终 PMS 的不可靠性。

7.5.3　示例分析

考虑5.4节中描述的示例 PMS。为了说明,考虑数据收集系统的优秀级,要求数据收集在所有三个阶段都成功。基于图5.5中各阶段的故障树,整个 PMS 的故障树如图7.15所示。故障树的顶事件代表系统不处于优秀级,换句话说,数据收集系统处于优秀级的概率为顶事件发生概率的补数。

表7.3给出了分析方法中使用的各参数值,其中 λ 和 λ_w 的单位为 $10^{-6}/\mathrm{h}$;在三个阶段中所有元件的覆盖因子 r 均为0。基于表7.3中给出的覆盖因子 c,覆盖因子 s 可简单地由 $1-c$ 计算得出。每个阶段中每个元件的故障概率为给定值 p 或服从指数故障分布 λ 或威布尔分布 λ_w 和 α_w。

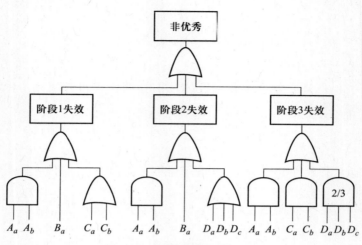

图 7.15　优秀级的故障树模型

表 7.3　示例 PMS 的输入参数

基本事件		A_a, A_b	B_a	C_a, C_b	D_a, D_b, D_c
阶段 1 （33h）	p 或 λ	0.0001	$\lambda = 1.5$	0.0025	0.001
	c	0.99	0.97	0.97	0.99
阶段 2 （100h）	p 或 λ	0.0001	$\lambda = 1.5$	$\lambda = 1$	0.002
	c	0.99	0.97	0.99	0.99
阶段 3 （67h）	p 或 λ	0.0001	0.0001	$\lambda_w = 1.6$ $\alpha_w = 2$	0.0001
	c	0.99	0.97	1	0.97

按照 7.5.2 节中包含 7 个步骤的过程来对 PMS 故障树顶事件的发生概率进行分析。例如，在 7.5.2 节步骤（5）中，示例 PMS 的最终 BDD 模型如图 7.16 所示。PMS BDD 生成过程中对不同元件的变量采用 $A_a < A_b < B_a < C_a < C_b < D_a < D_b < D_c$ 的顺序，对同一个元件的变量采用反向排序。在 7.5.2 节步骤（6）中，通过递推地遍历图 7.16 的 PMS BDD 计算 $UR^c(t)$。

表 7.4 表示了使用表 7.3 中的参数对处于优秀级的数据收集系统进行分析的中间和最终结果。

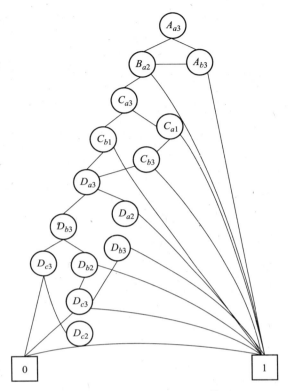

图 7.16　优秀级的 PMS BDD 模型

表 7.4　对存在 IPC 的示例 PMS 的分析结果

$P_u(t)$	0.999734
$UR^C(t)$	1.387×10^{-2}
$UR^I(t) = 1 - P_u(t) + P_u(t) UR^C(t)$	0.0141326
$P_{优秀} = 1 - UR^C(t)$	0.9858674

7.6　小　　结

　　本章介绍了不完全覆盖故障的概念和建模。根据所使用的容错技术,可将不完全覆盖分为三类:部件级覆盖、故障级覆盖和性能依赖覆盖。基于全概率定理和不同形式决策图的可分离方法用于将部件级覆盖引入二态、多态和多阶段任务系统的可靠性分析中。这些方法是高效的,并允许可靠性工程师使用任何组合的可靠性分析软件包(无需修改),这些软件包不需考虑用于分析不完全故障覆盖行为。可以简单地通过更改软件的输入和输出来得到考虑了不完全故障覆盖影响的最终的系统可靠性。

值得注意的是,图 7.1 中的 IPCM 被扩展为模块化不完全覆盖模型(Modular Imperfect Coverage Model, MIPCM),用于一般分层系统[153,237,238]和具有 CPR 的 PMS[48,167]的可靠性分析。MIPCM 考虑了系统的层次性有助于对故障进行覆盖的事实:如果未检测到的元件故障从系统的一个层级溢出,则其可能在更高层级被覆盖。只有通过系统所有层级仍未被覆盖的故障才会导致整个系统的失效(尽管系统中存在冗余)。因此,MIPCM 为分层系统中的元件建模了多个层级的未覆盖故障模式。图 7.17 表示了具有 L 层或级别的分层系统中处于第 i 层的一个元件的 MIPCM 的一般结构。

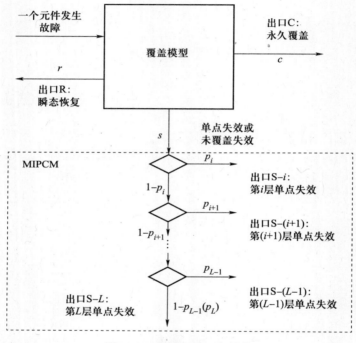

图 7.17　MIPCM 的一般结构

与 IPCM 类似,入口点代表了元件故障的发生。共有 $L-i+3$ 个出口,代表了所有从元件故障产生的可能结果,出口 R 和 C 的含义与图 7.1 中的 IPCM 相同。如果一个发生在第 i 层的故障使得该层失效,则认为发生了一个未覆盖失效或单点失效。剩余的 $L-i+1$ 个出口代表不同级别的未覆盖失效模式。具体来说,如果未覆盖故障在第 $i+1$ 层被承受住或被覆盖,则到达第 i 层未覆盖失效的出口 S-i;如果未覆盖故障在第 $i+1$ 层仍未被覆盖而在第 $i+2$ 层被覆盖,则到达第 $i+1$ 层未覆盖的失效出口 S-$(i+1)$;如果元件故障通过了所有层均未被覆盖且导致整个分层系统失效,则到达第 L 层未覆盖失效出口 S-L。图 7.17 中 $p_k(k=i,2,\cdots,L-1)$ 的定义为在第 i 层中发生未覆盖故障的前提下,未覆盖故障从第 k 层逃出而在第 $k+1$

层被覆盖的条件概率,则到达第 i 层,第 $i+1$ 层,$\cdots$,第 L 层的未覆盖失效出口的概率分别为 $s*p_i,s*(1-p_i)*p_{i+1},\cdots,s*\prod_{j=i}^{L-1}(1-p_j)$。有关 MIPCM 在分层计算机系统示例中的应用请参见文献[237]。

在一个具有 CPR 的 PMS 系统中,存在两种未覆盖故障模式:导致某个阶段失效的阶段未覆盖故障(图 7.18 中的出口 S-P)和具有全局恶劣影响的导致整个系统失效的任务未覆盖故障(图 7.18 中的出口 S-M)。文献[48]介绍了基于二元决策图的可靠性分析方法,用于考虑了 MIPCM 的具有 CPR 的 PMS;文献[167]介绍了基于 MBDD 的组合可靠性重要度分析方法,用于考虑了 MIPCM 的具有 CPR 的 PMS 中的元件重要度。

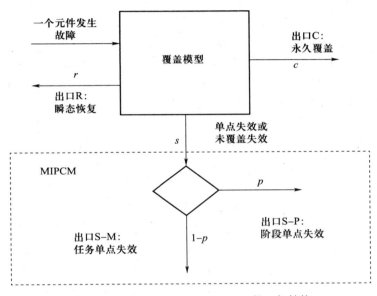

图 7.18　具有 CPR 的 PMS MIPCM 的一般结构

第 8 章　共享决策图

第 6 章介绍了用于分析 MSS 的三种不同形式的决策图：MBDD、LBDD 和 MMDD，三种方法均对 MSS 的每个系统状态使用单独的模型。由于一个 MSS 不同状态的模型可能共享同一个子图，因此可以通过生成一个表示所有系统状态的简洁的共享决策图来提高基于决策图算法的效率[38]。

本章将介绍两种类型的共享结构：多根决策图（Multi-Rooted Decision Diagrams，MR-DD）和多终端决策图（Multi-Terminal Decision Diagrams，MT-DD），并将 MR-DD 和 MT-DD 的性能与第 6 章中介绍的基于独立决策图方法的性能进行了比较。同时介绍了共享决策图在分析多阶段任务系统和具有不同类元件的多状态 n 中取 k 系统中的应用。本章还讨论了 MSS 的重要性度量和基于故障频率的度量。

8.1　多根决策图

多根决策图（MR-DD）具有多个根节点，每个根节点对应一个不同的 MSS 状态。MR-DD 有且仅有两个汇聚节点，与用于每个系统状态的独立决策图相同。MR-DD 可以通过简单地将独立的状态决策图组合成单个决策图，并且合并独立状态图的所有同构子图生成。通过从表示系统状态 S_k 的根节点到汇聚节点"1"的路径遍历 MR-DD，可以评估系统处于状态 S_k 的概率。

考虑图 6.1 中具有三种系统状态的多态计算机系统示例。图 8.1 展示了使用 6.6 节中的步骤所生成的每个系统状态对应的 MMDD。图 8.2 展示了通过合并图 8.1 中各个独立状态 MMDD 的同构子图而得到的合并多根 MMDD（MR-MMDD）。三个状态所有 MMDD 中的非汇聚节点的总数为 4+5+3 = 12，而共享 MR-MMDD 中的非汇聚节点的数量减少为 9。

同理，可以得到示例计算机系统的 MR-LBDD 和 MR-MBDD，分别如图 8.4 和图 8.6 所示。图 8.3 展示了使用 6.5 节中的步骤生成的系统每个状态的独立 LBDD。图 8.5 展示了使用 6.4 节中的步骤生成的系统每个状态的独立 MBDD。

基于图 8.3 和表 6.4 中收集的性能数据，三个状态的 LBDD 中非汇聚节点总数为 6+8+5 = 19，而共享 MR-LBDD 中的非汇聚节点数（图 8.4）减少至 14；在三个状态的 MBDD（图 8.5）中非汇聚节点的总数为 9+8+4 = 21，而在共享 MR-MBDD（图 8.6）中的非汇聚节点数减少至 17。

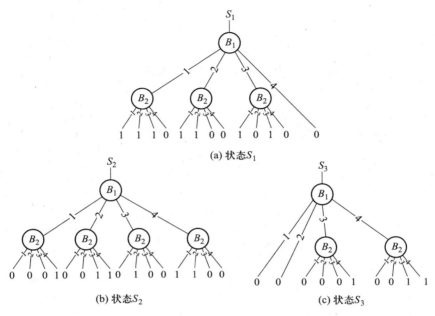

(a) 状态S_1

(b) 状态S_2

(c) 状态S_3

图 8.1　图 6.1 中例 6.1 的独立 MMDD

图 8.2　图 6.1 中例 6.1 的多根 MMDD[39]

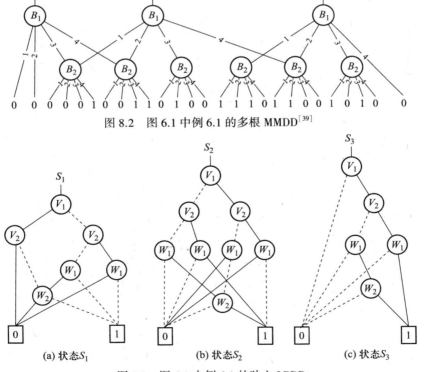

(a) 状态S_1

(b) 状态S_2

(c) 状态S_3

图 8.3　图 6.1 中例 6.1 的独立 LBDD

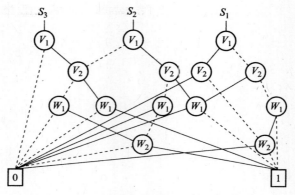

图 8.4　图 6.1 中例 6.1 的多根 LBDD[34]

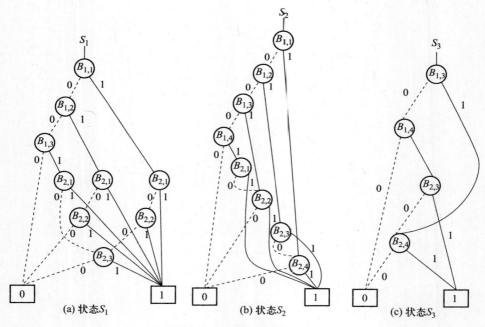

(a) 状态S_1　　　　(b) 状态S_2　　　　(c) 状态S_3

图 8.5　图 6.1 中例 6.1 的独立 MBDD

　　系统处于特定状态 S_k 的概率可以通过从表示系统状态 S_k 的根节点到汇聚节点"1"的路径遍历 MR-DD 来评估。MR-MBDD、MR-LBDD 和 MR-MMDD 的评估算法与用于对应的独立状态决策图模型算法相同,分别在 6.4 节、6.5 节和 6.6 节中介绍过。因此,基于独立 DD 和 MR-DD 方法的计算复杂度是相同的。

　　考虑示例计算机系统,在对三个系统状态概率进行自顶向下的评估时,基于独立 DD 和 MR-DD 的方法具有相同的递推调用次数,即 MBDD/MR-MBDD、LBDD/MR-LBDD 和 MMDD/MR-MMDD 三组方法的递推调用次数分别为 66、45 和 51。

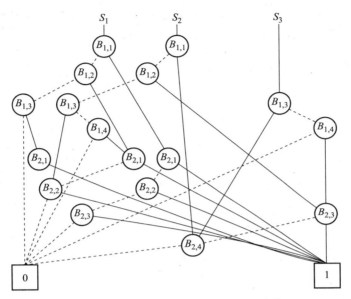

图 8.6 图 6.1 中例 6.1 的多根 MBDD[34]

8.2 多终端决策图

多终端决策图(MT-DD)只有一个根节点,但是具有多个表示不同系统状态的汇聚节点。具有 m 个互斥(或不相交)系统状态的系统包含 m 个汇聚节点;而具有 m 个非不相交系统状态的系统可以包含多达 2^m 个汇聚节点。为了生成整个系统的 MT-DD 模型,将每个状态决策图的汇聚节点"1"重命名为"k",作为对应系统状态 S_k 的状态编号,然后采用逻辑或运算组合重命名后的各状态图。对于互斥的系统状态,在系统决策图的生成期间使用代数规则 $0+x=x$ 和 $k+x=k$ 简化模型,其中 x 表示以 x 为根节点的子图,k 为系统状态 S_k 的终端节点。对于非互斥输出,MT-MBDD 和 MT-LBDD 使用 $0+x=x$ 和 $k+x=\text{ite}(x,k+x$ 的右子节点,$k+x$ 的左子节点);MT-MMDD 使用 $0+x=x$ 和 $k+x=\text{case}(x,k+x$ 的子节点 1,$k+x$ 的子节点 2,$\cdots,k+x$ 的子节点 r)。

例如,为图 6.1 中的示例计算机系统生成 MT-MMDD(在文献中称为 MDD),图 8.1 中每个状态决策图的汇聚节点"1"重新命名为对应的状态编号,如图 8.7 所示。图 8.8 表示了最终生成的 MT-MMDD。

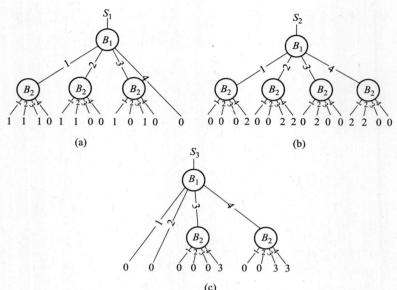

图 8.7　例 6.1 中重命名后的独立 MMDD

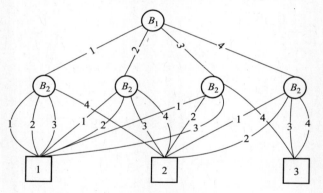

图 8.8　图 6.1 中例 6.1 的 MT-MMDD[39]

共享 MT-MMDD 中的非汇聚节点数为 5，比三种状态 MMDD 的非汇聚节点数之和 12 以及 MR-MMDD 中非汇聚节点数 9 都要少。

同理，可以得到示例计算机系统的 MT-LBDD 和 MT-MBDD，分别包含 9 个（图 8.9）和 18 个（图 8.10）非汇聚节点。

具有不相交系统状态的 MSS 中，系统处于状态 S_k 的概率为 MT-DD 中所有从根节点到汇聚节点"k"的路径的概率之和，

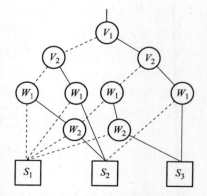

图 8.9　图 6.1 中例 6.1 的多终端 LBDD[34]

110

对于非不相交系统状态的 MSS,系统处于状态 S_k 的概率为 MT-DD 中所有从根节点到汇聚节点包含"k"的路径概率之和。

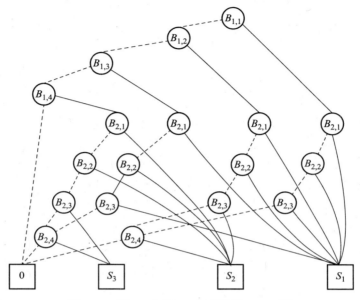

图 8.10 图 6.1 中例 6.1 的多终端 MBDD[34]

考虑示例计算机系统,对于 MT-MBDD、MT-LBDD 和 MT-MMDD 进行 MT-DD 的自顶向下评估中,递推调用次数分别为 56、21 和 21。将这些结果与独立 DD 和 MR-DD 的对应结果进行比较,可以看出,在该示例中 MT-DD 的评估复杂度小于 MR-DD 和独立 DD。表 8.1 总结了用于分析示例计算机系统的不同方法的性能数据。

表 8.1 对用于示例计算机系统的独立和共享 DD 的比较

类型	模型尺寸			递推调用次数		
	MBDD	LBDD	MMDD	MBDD	LBDD	MMDD
独立 DD 的总和	21	19	12	66	45	51
MR-DD	17	14	9	66	45	51
MT-DD	18	9	5	56	21	21

8.3 多状态系统的性能研究

本节应用示例和基准对 MR-DD 和 MT-DD 进行性能评估,并与独立 DD 进行比较。

111

8.3.1 示例分析

下面,分析 6.7 节中的例 6.2(二极管网络)和例 6.3(通信网络)。为了进行说明,图 8.11 给出了示例二极管网络系统处于状态 S_0、S_1 和 S_2 的独立 MMDD,图 8.12 给出了系统相应的 MT-MMDD(即 MDD)模型,这里未展示的 MR-MMDD 具有 38 个非汇聚节点。图 8.13 给出了示例通信网络处于状态 $S_k(1 \leqslant k \leqslant c)$ 时,具有固定 8 个非汇聚节点的 MMDD 模型的一般结构。

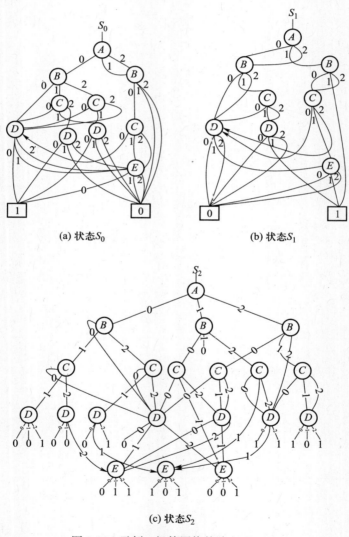

图 8.11 示例二极管网络的独立 MMDD

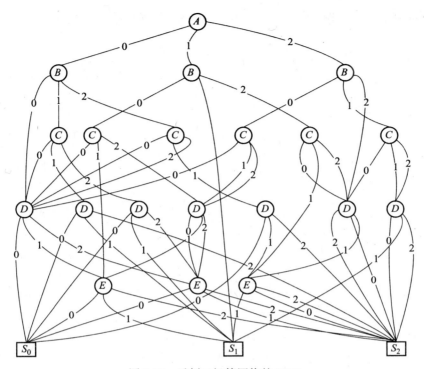

图 8.12　示例二极管网络的 MDD

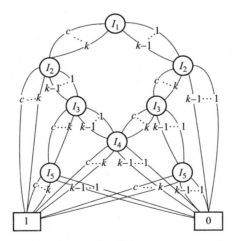

图 8.13　示例通信网络处于状态 $S_k(1 \leqslant k \leqslant c)$ 时的 MMDD

表 8.2 和表 8.3 列出了分析这两个示例的不同方法的性能数据。表中"总计"一行给出了各独立状态模型中模型尺寸或递推调用次数的总和。

表 8.2　对用于示例二极管网络的独立和共享 DD 的比较

类型	模型尺寸			递推调用次数		
	MBDD	LBDD	MMDD	MBDD	LBDD	MMDD
总计	73	91	38	1106	771	378
MR-DD	73	88	38	1106	771	378
MT-DD	93	112	20	2182	909	172

表 8.3　对用于示例通信网络的独立和共享 DD 的比较($c=20, k=0, 1, \cdots, 20$)

类型	模型尺寸			递推调用次数		
	MBDD	LBDD	MMDD	MBDD	LBDD	MMDD
总计	1680	912	152	83579678	131092	5707240
MR-DD	1300	792	152	83579678	131092	5707240
MT-DD	13460	5652	971	44180005	1910913	2132601

　　基于表 8.1~表 8.3 中三个示例 MSS 的数据,可以注意到,多根结构在内存需求方面优于独立模型(或者至少与独立模型的复杂度相同)。其原因为通过合并独立系统状态决策图中的同构子图而生成的 MR-DD,其节点数在最差的情况下(没有可共享节点时)也与独立决策图的节点总数相同。不过,在自顶向下的递推评估中,多根结构的递推调用次数与独立模型中递推调用次数的总和相同,因为未使用 memoization 的递推无法对重叠子问题加以利用。在运行时间计算复杂度方面,生成多根模型时唯一增加的算法步骤为同构子图的合并。

　　与多根模型和独立模型相比,多终端模型性能的优劣取决于输入系统的结构。

8.3.2　基准研究

　　本节介绍了采用表 6.8 中给出的 MCNC 基准对 MR-DD 和 MT-DD 的性能进行的实证研究[206]。以 6.7.2 节中描述的情况Ⅲ为例,以四个输入变量为一组生成具有 16 种状态的元件,最后一个分组基于剩余的变量数而生成布尔、4 态或 8 态元件。这里采用与 6.7.2 节中相同的排序策略来生成 MR-DD 和 MT-DD。

　　表 8.4、表 8.5 和表 8.6 分别给出了 MBDD、LBDD 和 MMDD 及其相应共享结构的模型尺寸,图 8.14~图 8.16 给出了这些数据的图形表示。

表 8.4 MBDD、MR-MBDD 和 MT-MBDD 的模型尺寸对比

名称	MBDD 总和	MR-MBDD	MT-MBDD
xor5	18	18	18
rd53	41	38	25
postal	45	45	45
con1	49	45	47
rd73	78	71	54
squar5	81	62	45
Z9sym	84	84	84
misex1	132	85	62
rd84	133	118	95
5xp1	177	156	145
9sym	178	178	178
inc	205	95	109
sao2	210	196	148
Z5xp1	251	164	144
bw	267	161	34
misex2	282	256	354
alu2	516	478	529
b12	521	449	960
clip	576	559	322
mdiv7	662	472	271
misex3c	2599	2383	17123
sn74181	3035	2694	6451
alu4	5098	4105	6038

表 8.5 LBDD、MR-LBDD 和 MT-LBDD 的模型尺寸对比

名称	LBDD 总和	MR-LBDD	MT-LBDD
xor5	9	9	9
rd53	29	23	15
postal	25	25	25

名称	LBDD 总和	MR-LBDD	MT-LBDD
con1	18	18	16
rd73	49	43	28
squar5	54	38	30
Z9sym	33	33	33
misex1	75	47	17
rd84	71	59	36
5xp1	113	88	127
9sym	33	33	33
inc	119	89	39
sao2	182	154	95
Z5xp1	127	69	127
bw	253	114	25
misex2	163	140	153
alu2	166	149	264
b12	105	91	155
clip	280	254	189
mdiv7	296	238	255
misex3c	970	847	10875
sn74181	1164	995	3420
alu4	1534	1352	2269

表 8.6 MMDD、MR-MMDD 和 MT-MMDD 的模型尺寸对比

名称	MMDD 总和	MR-MMDD	MT-MMDD
xor5	3	3	3
rd53	8	5	6
postal	4	4	4
con1	7	7	6
rd73	12	11	6
squar5	19	10	16

名称	MMDD 总和	MR-MMDD	MT-MMDD
Z9sym	8	8	8
misex1	19	15	5
rd84	16	15	6
5xp1	31	31	17
9sym	17	17	17
inc	43	26	13
sao2	48	39	31
Z5xp1	39	24	17
bw	75	30	13
misex2	66	59	54
alu2	60	50	86
b12	62	52	61
clip	64	59	51
mdiv7	86	73	17
misex3c	292	234	3852
sn74181	300	251	891
alu4	559	471	761

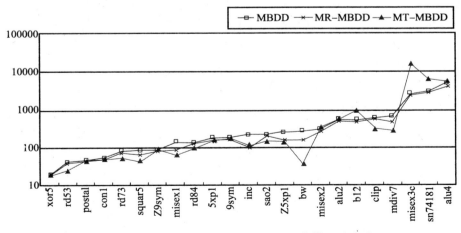

图 8.14　MBDD、MR-MBDD 和 MT-MBDD 的模型尺寸对比

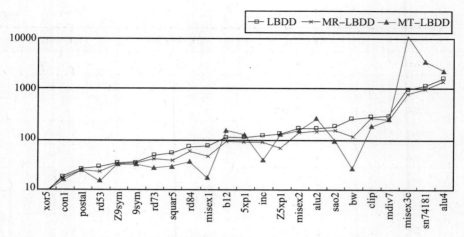

图 8.15　LBDD、MR-LBDD 和 MT-LBDD 的模型尺寸对比

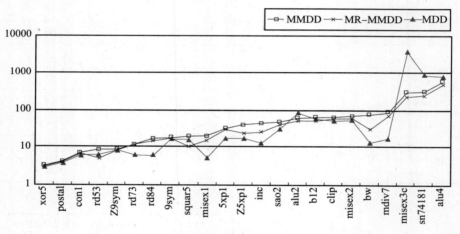

图 8.16　MMDD、MR-MMDD 和 MDD 的模型尺寸对比

　　表 8.7、表 8.8 和表 8.9 分别给出了用于 MBDD、LBDD 和 MMDD 及其相应共享结构的各基准在进行自顶向下递推评估时的递推调用次数,图 8.17~图 8.19 给出了这些数据的图形表示。

表 8.7　MBDD、MR-MBDD 和 MT-MBDD 的递推调用次数对比

名称	MBDD 总和	MR-MBDD	MT-MBDD
xor5	80	80	80
rd53	186	186	119
squar5	379	379	120
con1	384	384	298

118

名称	MBDD 总和	MR-MBDD	MT-MBDD
misex1	408	408	188
postal	628	628	628
rd73	647	647	410
inc	907	907	315
bw	954	954	90
rd84	1331	1331	797
5xp1	1352	1352	583
Z9sym	1768	1768	1768
Z5xp1	1982	1982	416
9sym	2056	2056	2056
clip	3513	3513	1826
mdiv7	3912	3912	797
sao2	4885	4885	3453
misex2	11112	11112	37877
alu2	11739	11739	6872
b12	59861	59861	339296
misex3c	159190	159190	268813
sn74181	195125	195125	194636
alu4	294729	294729	158374

表 8.8　LBDD、MR-LBDD 和 MT-LBDD 的递推调用次数对比

名称	LBDD 总和	MR-LBDD	MT-LBDD
xor5	63	63	63
rd53	139	139	63
squar5	136	136	61
con1	46	46	45
misex1	169	169	35
postal	153	153	153
rd73	585	585	255
inc	285	285	79
bw	664	664	51
rd84	1170	1170	511

名称	LBDD 总和	MR-LBDD	MT-LBDD
5xp1	524	524	255
Z9sym	524	524	255
Z5xp1	312	312	255
9sym	439	439	439
clip	1451	1451	907
mdiv7	1634	1634	511
sao2	858	858	473
misex2	364	364	1475
alu2	896	896	1161
b12	295	295	711
misex3c	13372	13372	30575
sn74181	13140	13140	15039
alu4	15070	15070	13299

表 8.9　MMDD、MR-MMDD 和 MT-MMDD 的递推调用次数对比

名称	MMDD 总和	MR-MMDD	MT-MMDD
xor5	49	49	49
rd53	107	107	49
squar5	214	214	47
con1	202	202	129
misex1	311	311	81
postal	241	241	241
rd73	419	419	145
inc	473	473	113
bw	746	746	41
rd84	852	852	273
5xp1	938	938	145
Z9sym	385	385	385
Z5xp1	650	650	145
9sym	373	373	373
clip	1981	1981	745
mdiv7	1818	1818	273

（续）

名称	MMDD 总和	MR-MMDD	MT-MMDD
sao2	2132	2132	1297
misex2	15490	15490	155905
alu2	4168	4168	1297
b12	24329	24329	16913
misex3c	53110	53110	20753
sn74181	64832	64832	19729
alu4	87824	87824	19073

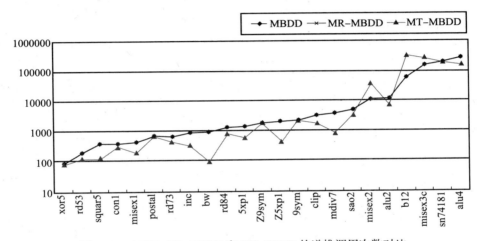

图 8.17　MBDD、MR-MBDD 和 MT-MBDD 的递推调用次数对比

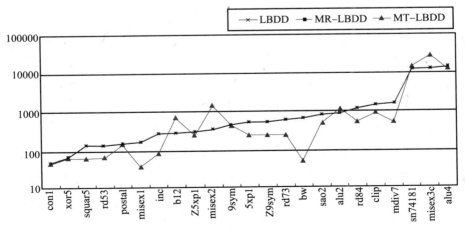

图 8.18　LBDD、MR-LBDD 和 MT-LBDD 的递推调用次数对比

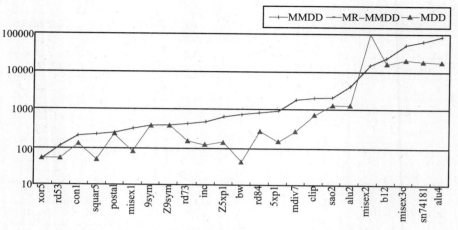

图 8.19　MMDD、MR-MMDD 和 MDD 的递推调用次数对比

　　上述性能研究进一步证实了对 8.3.1 节中示例的观察结果。在内存需求方面,MR-DD 优于独立模型(或至少具有相同的复杂性)。多根模型所需的递推调用次数与各独立模型调用次数的总和相同,因为每个从对应根节点开始的系统状态分析均会对同构图进行重新计算。

　　与相应的 MR-DD 和独立模型相比,MT-DD 模型的优劣取决于输入系统的结构。但是对于具有不相交系统状态的大多数实际 MSS,通过对独立系统状态模型的或运算生成的 MT-DD 模型通常在存储和评估复杂性方面优于 MR-DD 模型和独立模型。此外,MT-DD 模型可以表示随着元件状态的变化 MSS 不同状态之间的相互作用,因此 MT-DD 模型能够计算与不同状态之间的相互作用相关的性能度量,如失效频率和重要性度量[22]。与独立模型和多根共享模型相比,多终端共享模型在此方面具有显著优势。

　　基于本节和 6.7 节中的性能研究,可以看出 MDD 模型在 MSS 分析中表现最佳。在后续章节中,对 MDD 应用于分析不可修复的多阶段任务系统(见 8.4 节)和多态 n 中取 k 系统(见 8.5 节),元件重要性度量(见 8.6 节)和基于失效频率的度量(见 8.7 节)进行了介绍。

8.4　多阶段任务系统中的应用

　　第 5 章中讨论了利用阶段代数的基于 BDD 的方法来分析不可修复二态 PMS。本节使用 MDD 对 PMS 进行分析,经过比较证明了基于 MDD 的方法比基于 BDD 的方法更有效。

8.4.1 采用 MDD 的 PMS 分析

基于 MDD 的方法包括四个主要步骤：①变量编码；②变量排序；③生成 PMSMDD；④评估 PMSMDD。

8.4.1.1 步骤 1—变量编码

假设具有 H 个阶段的 PMS 包含 n 个二态元件 $C_1, C_2, \cdots, C_n$，每个元件 C_i 由一个可取 $(H+1)$ 个值的变量 x_i 来表示，对应 MDD 中代表 C_i 的非汇聚节点；节点具有 $H+1$ 个输出边，其中 0 边表示 C_i 在所有阶段均运行，j 边（$1 \leqslant j \leqslant H$）表示 C_i 在阶段 j 开始时仍在运行而在此阶段内失效，0 边始终连接到逻辑常量"0"。

图 8.20（a）表示对"C_i 在阶段 j 完成之前失效"这一基本事件进行编码的 MDD，其中输出边 $1 \sim j$ 连接逻辑常数"1"，其他边连接逻辑常数"0"[29]。其原因为在不可修复的 PMS 中，如果元件 C_i 在一个阶段失效，则其在任务的剩余阶段保持为失效状态。具体来说，如果元件 C_i 在 j 或 j 之前（$1, 2, \cdots, j-1$）的任何阶段失效，则发生"C_i 在阶段 j 完成之前失效"的事件。图 8.20（b）给出了图 8.20（a）中基本事件 MDD 模型的更紧凑的表达。作为示例，图 8.20（c）表示编码了"在三阶段任务系统中元件 C_i 在阶段 2 完成之前失效"的 MDD 模型。

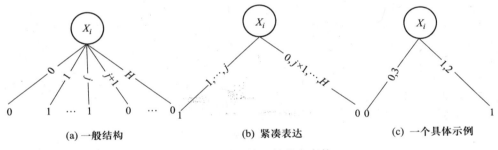

(a) 一般结构　　　　(b) 紧凑表达　　　　(c) 一个具体示例

图 8.20　处于阶段 j 的 C_i 的基本事件 MDD

8.4.1.2 步骤 2—输入变量排序

在第 3 章中讨论过，输入变量的顺序会对决策图的尺寸造成很大影响。通常用一种启发式排序算法来生成良好的排序[239]。在本节中，对故障树采用的基于深度优先最左（Depth-First-Left-Most，DFLM）遍历的启发式算法被用于对 PMS 中不同元件的多值变量进行排序。

8.4.1.3 步骤 3—多阶段任务系统多值决策图（PMS MDD）的生成

PMS MDD 是以自下而上的方式从 PMS 故障树构造而成。具体来说，基于图 8.20 的编码规则：首先为 PMS 故障树的基本事件构建 MDD；然后基于故障树模型中所遍历门的逻辑运算来组合基本事件 MDD；最后进一步组合所得的 MDD。为 MSS 生成 MDD 时，在组合过程中采用式（6.9）的运算规则。

8.4.1.4 步骤4—多阶段任务系统多值决策图评估

在 PMS MDD 中从根节点到汇聚节点"1"的每个路径表示一个导致 PMS 失效的不同阶段元件状态的不相交组合,因此,PMS 的不可靠性可由从根节点到汇聚节点"1"的所有路径的概率之和计算。每个路径的概率由路径上出现的每个边概率的乘积来计算。对于从节点 x_i 到其 j 边($1 \leqslant j \leqslant H$)的路径,其边概率为 C_i 在阶段 j 开始时仍正常工作,但在此阶段结束前失效的概率(由 $\Pr\{x_i = j\}$ 表示);对于从节点 x_i 到其 0 边的路径,其边概率为 C_i 在所有阶段中均未失效的概率(由 $\Pr\{x_i = 0\}$ 表示)。用于 MSS 的 MDD 评估递推公式(6.10)也可以类似地用于递推计算 PMS 的不可靠性。

基于 BDD 的方法(见第 5 章)在模型生成和评估中均需要基于阶段代数的特殊处理和运算,与其相比 PMS MDD 模型的生成和评估更加简单和直接,因为所有的多值变量都是统计独立的。

8.4.2 示例分析

图 8.21 表示了一个包含三个元件的三阶段任务系统的故障树模型。在阶段 1 中,三个元件形成串联结构,意味着若任意元件失效,则系统失效;在阶段 2 中,系统运行的条件为元件 C_1 运行,同时元件 C_2 或 C_3 运行;在最后一个阶段中,三个元件形成并联结构,意味着所有三个元件均失效才会导致系统失效。系统在任一阶段失效均会导致整个任务失败。基于步骤 1 的编码方法,三个元件分别由三个四值变量 x_1、x_2、x_3 进行建模。

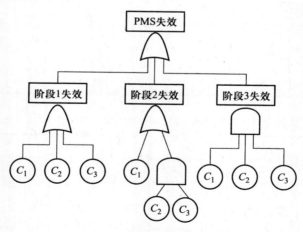

图 8.21 一个 PMS 故障树示例

采用 $x_1 < x_2 < x_3$ 的变量顺序,对三个阶段故障树建模的 MDD 以及整个 PMS 的 MDD 可以应用式(6.9)的规则来生成,如图 8.22 所示。

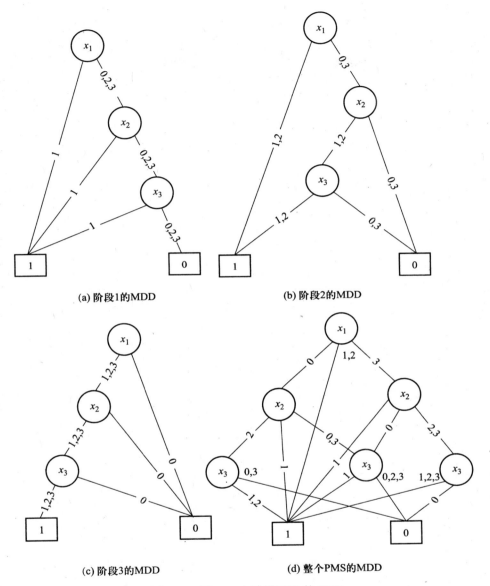

(a) 阶段1的MDD

(b) 阶段2的MDD

(c) 阶段3的MDD

(d) 整个PMS的MDD

图 8.22　图 8.21 中示例 PMS 的 MDD

基于图 8.22(d)中的整个 PMS 的 MDD,计算示例 PMS 不可靠性的评估表达式为

$$UR_{PMS} = Pr\{x_1 = 1\} + Pr\{x_1 = 2\} + Pr\{x_1 = 0\} * (Pr\{x_2 = 1\} +$$
$$Pr\{x_2 = 2\} * (Pr\{x_3 = 1\} + Pr\{x_3 = 2\}) + (Pr\{x_2 = 0\} +$$
$$Pr\{x_2 = 3\}) * Pr\{x_3 = 1\}) + Pr\{x_1 = 3\} * (Pr\{x_2 = 1\} +$$

$$\Pr\{x_2 = 0\} * \Pr\{x_3 = 1\} + (\Pr\{x_2 = 2\} + \Pr\{x_2 = 3\}) *$$
$$(\Pr\{x_3 = 1\} + \Pr\{x_3 = 2\} + \Pr\{x_3 = 3\})) \qquad (8.1)$$

作为基于 MDD 和基于 BDD 的 PMS 分析方法的实证比较,采用 5.3 节中的方法,按照 $x_1 < x_2 < x_3$ 的变量顺序为示例 PMS 生成 PMS BDD。图 8.23(a)中的 PMS BDD 使用反向阶段排序,而图 8.23(b)中的 PMS BDD 使用正向阶段排序。比较图 8.22(d)(6 个非汇聚节点)和图 8.23((a)中 10 个非汇聚节点,图 8.22(b)中 15 个非汇聚节点)可得,基于 MDD 方法生成的模型尺寸比基于 BDD 方法的更小。这表明 PMS MDD 模型构建和评估的复杂度低于 PMS BDD,因为模型越小,生成和评估模型所需的时间和内存就越少。这个结论在文献[29]针对分布式阶段任务计算系统进行的基准研究中得到了证实。另外,应用于多种失效模式的 PMS 可靠性分析的扩展 PMS MDD 方法可参见文献[41]。

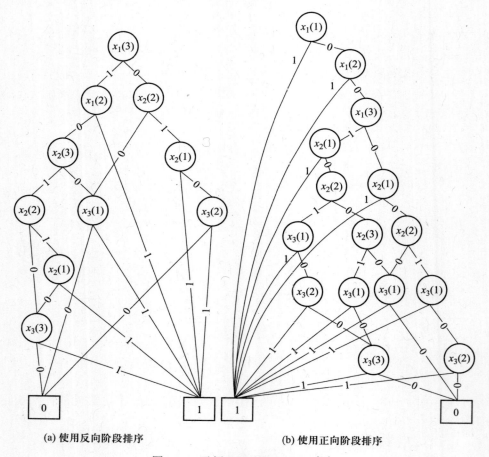

(a) 使用反向阶段排序　　　　　　　(b) 使用正向阶段排序

图 8.23　示例 PMS 的 PMS BDD[29]

126

8.5 多态 n 中取 k 系统中的应用

在本节中,MDD 被用于分析具有非全相同、统计独立元件的多态 n 中取 $k(k$-out-of-$n)$ 系统。假设系统及其元件可以处于 $M+1$ 个可能状态(由 $0,1,\cdots,M$ 表示)中的任意状态。根据文献[240],对于所有 $l(1 \leqslant l \leqslant j)$,只要至少 k_l 个元件处于状态 l 或以上,则称多态 n 中取 k 系统处于状态 j 或以上$(1 \leqslant j \leqslant M)$。在该模型下,系统状态随着每个元件状态的增加而增加或保持不变。此外,系统状态是有序的;如果系统处于状态 j,它也必然处于状态 $i(1 \leqslant i \leqslant j \leqslant M)$。许多实际工程系统(例如供油系统)适用于这种多态 n 中取 k 系统模型[240,241]。

8.5.1 基于 MDD 的多态 n 中取 k 系统分析

用于分析多态 n 中取 k 系统的基于 MDD 的方法包含四个步骤:①为每个二态 n 中取 k_l 结构生成 BDD(用 BDD_{kl} 表示);②通过引入多状态将 BDD 扩展为 MDD(用 MDD_{kl} 表示);③组合 n 中取 k_l 结构的 MDD(MDD_{kl})以生成系统 MDD 模型(由 MDD_{Sj} 表示);④系统 MDD 评估。图 8.24 总结了包含前三个步骤的系统 MDD 生成过程,充分利用了定义明确的 n 中取 k 结构。后续章节将对每个步骤进行详细介绍。

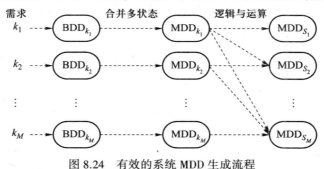

图 8.24 有效的系统 MDD 生成流程

8.5.1.1 步骤 1—BDD_{kl} 的生成

二态 n 中取 k_l 结构可由定义明确的网格结构的 BDD 来建模,如图 8.25 所示[241]。如果 BDD 的一个非汇聚节点的坐标位置为 (x,y),则将其命名为 “$x+y+1$”。例如,名为 “1” 的 BDD 节点坐标为 $(0,0)$,名为 “4” 的 BDD 节点坐标为 $(2,1)$ 或 $(1,2)$,x 和 y 的有效范围分别为 $0 \leqslant x \leqslant n-k_l$ 和 $0 \leqslant y \leqslant k_l-1$。在二态 n 中取 k_l 结构的 BDD 模型中总共有 $k_l * (n-k_l+1)$ 个非汇聚节点。

对于一个坐标为 (x,y) 的 BDD 节点,若 $x=n-k_l$,则其 else 边或 0 边连接到汇聚节点 “0”;否则$(x<n-k_l)$,其 else 边连接到一个名为 “$x+y+2$” 的非汇聚节点。若 $y=k_l-1$,则其 then 边或 1 边连接到汇聚节点 “1”;否则$(y<k_l-1)$,其 then 边连接到一个名为 “$x+y+2$” 的非汇聚节点。例如,图 8.26 表示了用于二态 5 中取 3 系统的

网格结构 BDD 模型,其中 $n=5,k_l=3$。

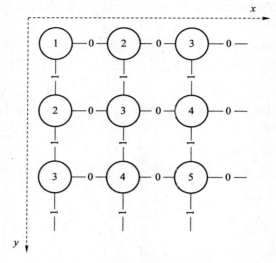

图 8.25　BDD_{kl} 的网格结构

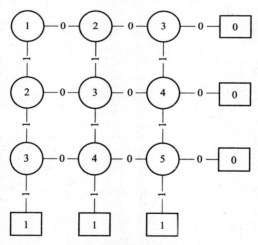

图 8.26　一个 BDD_{kl} 示例[241]

8.5.1.2　步骤 2—MDD_{kl} 的生成

在 8.5 节开始所介绍的多态 n 中取 k 系统模型中,如果处于状态 l 的 k_l 个元件可以使整个系统占据状态 j,则处于 l 以上状态的 k_l 个元件必然可使系统达到相同的状态。因此,可以通过以下替换过程将 BDD_{kl} 扩展为 MDD_{kl}:BDD_{kl} 中每个非汇聚节点的 else 边由编号为 $0,1,\cdots,l-1$ 的 l 个输出边所代替;BDD_{kl} 中每个非汇聚节点的 then 边由编号为 $l,l+1,\cdots,M$ 的 $(M-l+1)$ 个输出边所代替。

举例说明:扩展图 8.26 中的网格结构 BDD,可以得到图 8.27 中的多态 5 中取 k_2 结构的 MDD 模型,其中 $M=3,k_2=3,l=2$(说明至少有三个元件必须处于状态 2

128

或之上）。注意，在 MDD 模型中对连接到同一子节点的多个边采用了紧凑表达。例如，节点 1 的 0 边和 1 边都被连接到坐标为（1,0）的节点 2，通过采用一个标记为"0,1"的边代替两个分开的边来实现紧凑表达。同理，将上述替换过程应用于图 8.26 中的 BDD，可以得到图 8.28 中的多态 5 中取 k_3 结构的 MDD 模型，其中 $M=3$，$k_3=3$，$l=3$（说明至少有三个元件必须处于状态 3 或之上）。

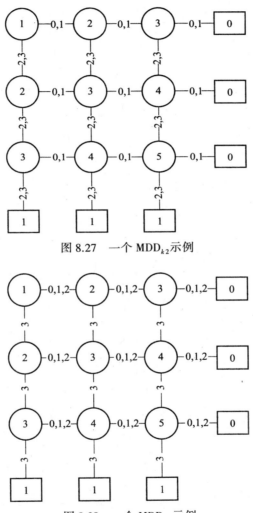

图 8.27　一个 MDD_{k2} 示例

图 8.28　一个 MDD_{k3} 示例

8.5.1.3　步骤 3—MDD_{Sj} 的生成

通过使用逻辑与运算来组合 MDD_{kl}（$1 \leqslant l \leqslant j$）（$MDD_{k1}$，$MDD_{k2}$，$\cdots$，$MDD_{kj}$），可以生成每个系统 MDD 模型 MDD_{Sj}（表示系统处于状态 j 或以上，$1 \leqslant j \leqslant M$），进行组合时的逻辑与运算可采用 6.6 节中式（6.9）的操作规则。

8.5.1.4 步骤 4—MDD$_{Sj}$ 评估

系统处于状态 j 或以上的概率可以通过评估上一步中生成的 MDD$_{Sj}$ 来获得。从根节点到汇聚节点"1"的每条路径表示一个导致系统处于状态 j 或以上的元件状态事件的不相交组合。因此,整个系统处于状态 j 或以上的概率为所有从根节点到汇聚节点"1"的路径的概率之和。用于 MSS 的 MDD 评估递推方程式(6.10)也可用于以递推方法计算多态 n 中取 k 系统的状态概率。

8.5.2 示例分析

考虑一个应用于文献[240]中供油系统实际建模的多态 n 中取 k 系统,其中 $M=3, n=4, k_1=4, k_2=2, k_3=3$。图 8.29 给出了在步骤 1 中生成的二态 4 中取 k_l 结构 BDD$_{kl}(I=1,2,3)$ 的三个 BDD 模型。

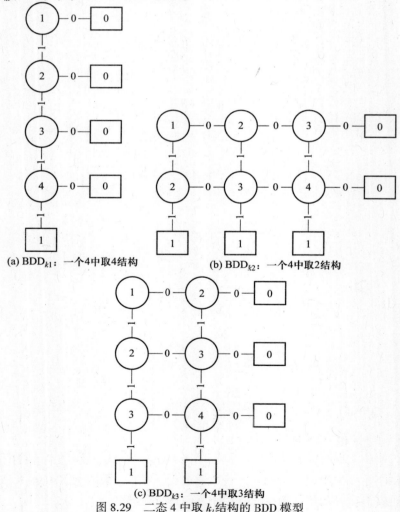

(a) BDD$_{k1}$:一个4中取4结构

(b) BDD$_{k2}$:一个4中取2结构

(c) BDD$_{k3}$:一个4中取3结构

图 8.29　二态 4 中取 k_l 结构的 BDD 模型

图 8.30 表示了在步骤 2 中,通过将多状态信息合并到图 8.29 中对应的 BDD_{kl} 模型,所生成的多态 4 中取 k_l 结构 $MDD_{kl}(l=1,2,3)$ 的 MDD 模型。

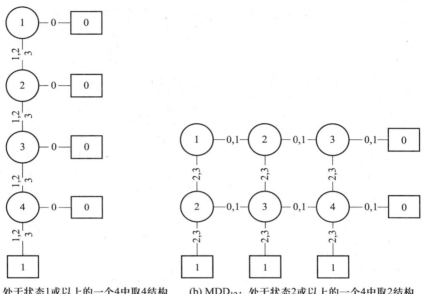

(a) MDD_{k1}:处于状态1或以上的一个4中取4结构   (b) MDD_{k2}:处于状态2或以上的一个4中取2结构

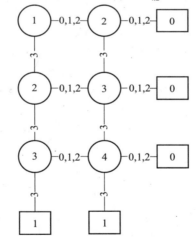

(c) MDD_{k2}:处于状态3或以上的一个4中取3结构

图 8.30　多态 4 中取 k_l 结构的 MDD 模型

图 8.31 显示了在步骤 3 中通过使用逻辑与运算对相关的 MDD_{kl} 模型进行组合而生成的系统 MDD 模型 $MDD_{Sj}(1 \leqslant j \leqslant 3)$。具体来说,$MDD_{S1}$ 对应 MDD_{k1};MDD_{S2} 由 MDD_{k1} 和 MDD_{k2} 组合而成;MDD_{S3} 可由 MDD_{k1}、MDD_{k2} 和 MDD_{k3} 组合而成,或是使用逻辑与运算将 MDD_{S2} 和 MDD_{k3} 组合得到。

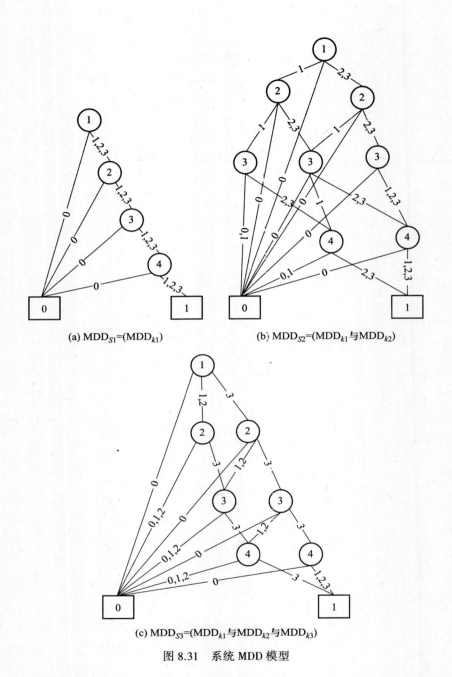

(a) MDD$_{S1}$=(MDD$_{k1}$)

(b) MDD$_{S2}$=(MDD$_{k1}$与MDD$_{k2}$)

(c) MDD$_{S3}$=(MDD$_{k1}$与MDD$_{k2}$与MDD$_{k3}$)

图 8.31　系统 MDD 模型

　　假设元件 1 和元件 2 服从相同的状态概率分布（0.05, 0.095, 0.0684, 0.7866），元件 3 和元件 4 服从相同的状态概率分布（0.03, 0.0776, 0.0446, 0.8478）。这些概率定义了最终系统 MDD 模型中边的概率。例如，0.05 是与节点 1 的 0 边相关联的概率，0.7866 是与节点 1 的 3 边相关联的概率。评估图 8.31 中的系统 MDD 模

型 $MDD_{Sj}(1 \leqslant j \leqslant 3)$，示例系统处于状态 j 或以上的概率为

$$\begin{cases} \Pr(\text{系统处于状态 1 或以上}) = 0.8492 \\ \Pr(\text{系统处于状态 2 或以上}) = 0.8469 \\ \Pr(\text{系统处于状态 3 或以上}) = 0.7577 \end{cases}$$

则系统状态概率分布可推导为

$$\Pr(\text{系统处于状态 0}) = 1 - \Pr(\text{系统处于状态 1 或以上}) = 0.1508$$
$$\Pr(\text{系统处于状态 1}) = 0.8492 - 0.8469 = 0.0023$$
$$\Pr(\text{系统处于状态 2}) = 0.8469 - 0.7577 = 0.0892$$
$$\Pr(\text{系统处于状态 3}) = 0.7577$$

使用文献[241]中基准的实证研究表明基于 MDD 的方法具有低计算复杂度，能够有效地分析大规模多态 n 中取 k 系统。

8.6 重要度分析

重要性或敏感性度量通过量化系统内部元件的关键性来促进各种可靠性改进活动[199,242,243]。这些度量能够识别对整个系统可靠性（或脆弱性）贡献最大的元件或位置，因此可以帮助确定升级对象来最好地改善整个系统的可靠性。

有两种针对 MSS 的重要性度量[244,245]：第 1 类度量或复合重要性度量（Composite Importance Measures，CIM）将一个特定多态元件作为一个整体来评估其对 MSS 可靠性的贡献；第 2 类度量识别有关 MSS 可靠性的最重要的元件性能级别（状态）或级别集合。

本节重点介绍更全面的第 1 类度量，并提出基于 MT-MMDD（也称为 MDD）的方法，用于计算一种称为容量网络的 MSS 的重要性度量。

8.6.1 容量网络和可靠性模型

容量网络是一类常见的 MSS，其边具有独立、离散、有限和多值随机容量等特征[201]。对于容量网络，由 MR_d 所表示的处于需求层次 d 的多状态可靠性被定义为由多状态元件生成的系统容量大于或等于 d 个单位需求的概率[244]。令 $\boldsymbol{b}_i = \{b_{i1}, b_{i2}, \cdots, b_{i\omega_i}\}$ 表示具有 ω_i 种状态的元件 i 的状态空间向量，$x_i \in \boldsymbol{b}_i$ 表示元件 i 的当前状态。令 n 表示系统元件的数量，并且 $\varphi(\boldsymbol{x})$ 表示将元件状态向量 $\boldsymbol{x} = (x_i, x_2, \cdots, x_n)$ 映射到一个系统状态的系统结构函数。因此处于需求层次 d 的 MSS 可靠性为 $\mathrm{MR}_d = P(\phi(\boldsymbol{x}) \geqslant d)$。等效地，处于需求层次 d 的 MSS 不可靠性为 $\mathrm{MU}_d = P(\phi(\boldsymbol{x}) < d)$。

通常来说，一个 MSS 在性能层次 d 的可靠性是其系统性能级别大于或等于 d 的概率。需要注意的是，虽然后续的讨论集中于容量网络，但所介绍的基于 MDD 的方法适用于任何一般的 MSS。

8.6.2 复合重要度(第1类)

第1类度量可以分为两种:通用 CIM 和替代 CIM[37,244]。通用 CIM 关注元件的可能状态级别,而不考虑元件处于特定状态的概率。替代 CIM 在元件的重要性计算中结合了其可能的状态级别和状态概率。换句话说,替代 CIM 同时考虑了元件状态的变化对整个系统不可靠性的影响以及这种变化的概率。下面给出一些通用 CIM 和替代 CIM 示例的定义。

8.6.2.1 通用 CIM

绝对偏差之和(Sum of Absolute Deviations,SAD)的平均值:

$$MI_i^{SAD} = \frac{\sum_{j=1}^{\omega_i} |P(\phi(x) < d \,|\, x_i = b_{ij}) - P(\phi(x) < d)|}{\omega_i - 1} \tag{8.2}$$

SAD 度量给出了由每个元件状态所导致的整个 MSS 不可靠性的绝对偏差,并且可以识别对系统失效起决定性作用的元件。

多态风险增值(Multi-state Risk Achievement Worth,MRAW)为

$$MRAW_i = 1 + \frac{1}{\omega_i - 1} \sum_{j=1}^{\omega_i} \max\left(0, \frac{P(\phi(x) < d \,|\, x_i = b_{ij})}{P(\phi(x) < d)} - 1\right) \tag{8.3}$$

MRAW 度量量化了元件状态的变化对 MSS 不可靠性的贡献,从而识别出最可能提高系统性能的元件。

多态 Fussell-Vesely(Multi-state Fussell-Vesely,MFV):

$$MFV_i = 1 + \frac{1}{\omega_i - 1} \sum_{j=1}^{\omega_i} \max\left(0, 1 - \frac{P(\phi(x) < d \,|\, x_i = b_{ij})}{P(\phi(x) < d)}\right) \tag{8.4}$$

MFV 度量量化了 MSS 不可靠性在受到元件状态对其产生负贡献时的平均变化,从而识别出能最大程度降低 MSS 不可靠性的多状态元件。

多态风险降低值(Multi-state Risk Reduction Worth,MRRW):

$$MRRW_i = 1 + \frac{1}{\omega_i - 1} \sum_{j=1}^{\omega_i} \max\left(0, \frac{P(\phi(x) < d)}{P(\phi(x) < d \,|\, x_i = b_{ij})} - 1\right) \tag{8.5}$$

MRRW 度量指示出在当前系统配置中哪个元件能够最大程度地提高系统性能。

8.6.2.2 替代 CIM

平均绝对偏差(Mean Absolute Deviation,MAD):

$$MAD_i = \sum_{j=1}^{\omega_i} p_{ij} |P(\phi(x) < d \,|\, x_i = b_{ij}) - P(\phi(x) < d)| \tag{8.6}$$

平均多态风险增值(Mean Multi-state RAW,MMAW):

$$MMAW_i = 1 + \sum_{j=1}^{\omega_i} p_{ij} \max\left(0, \frac{P(\phi(x) < d \,|\, x_i = b_{ij})}{P(\phi(x) < d)} - 1\right) \tag{8.7}$$

平均多态 Fussell-Vesely(Mean MFV, MMFV)

$$\text{MMFV}_i = \sum_{j=1}^{\omega_i} p_{ij} \max\left(0, 1 - \frac{P(\phi(x) < d \mid x_i = b_{ij})}{P(\phi(x) < d)}\right) \tag{8.8}$$

8.6.3 采用 MDD 计算 CIM

可以通过以下四个步骤将 MDD 模型应用于计算 8.6.2 节中定义的各种 CIM。

步骤 1：生成 MDD 的系统模型。对于一般的 MSS，可采用 6.6 节和 8.2 节中讨论的 MDD 模型生成方法。对于满足某个需求层次 d 的容量网络，可以采用基于多态最小路径向量(Multi-state Minimal Path Vectors, MMPV)的生成方法[37]。

步骤 2：计算处于需求层次 d 的 MSS 不可靠性 $P(\phi(x)<d)$。不可靠性为所有从根节点到汇聚节点"0"的路径的概率之和。

步骤 3：计算条件概率 $P(\phi(x)<d \mid x_i = b_{ij})$。通过将元件 x_i 处于状态 b_{ij} 的概率设为 1 以及将 x_i 处于其他状态的概率设为 0，采用在步骤 1 中生成的 MDD 来计算所需条件概率。

步骤 4：根据 8.6.2 节中的定义计算各 CIM。在得到 MSS 不可靠性 $P(\phi(x)<d)$ 和条件概率 $P(\phi(x)<d \mid x_i = b_{ij})$ 之后，可以简单直接地计算出各 CIM。

8.6.4 示例分析

在本节中，应用 8.6.3 节的四步程序分析图 8.32 所示的桥接网络[246]，在网络中需要将大于或等于三个单位的需求从源节点 s 传递到终节点 t。表 8.10 给出了元件传输容量和相应的概率[205]。

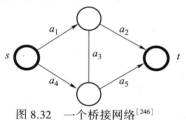

图 8.32　一个桥接网络[246]

表 8.10　各元件状态和概率的参数

a_i	传输容量				状态概率			
1	0	1	2	3	0.050	0.025	0.025	0.900
2	0	1	2	—	0.025	0.025	0.950	—
3	0	1			0.050	0.950	—	—
4	0	1	—		0.020	0.980	—	—
5	0	1	2		0.075	0.025	0.900	—

图 8.33 给出了在步骤 1 中生成的处于需求层次 3 的系统的 MMDD[37]。对此 MMDD 进行评估，可以得到在 $d=3$ 时网络的可靠性和不可靠性分别为 $\text{MR}_3 = P(\phi(x) \geq 3) = 0.831$ 和 $\text{MU}_3 = P(\phi(x) < 3) = 0.169$。表 8.11 给出了在步骤 3 中计算的每个元件状态的条件概率值 $P(\phi(x)<d \mid x_i = b_{ij})$。表 8.12 和

表 8.13 分别给出了通用 CIM 和替代 CIM 的最终计算结果。基于 SAD 度量的排序为 $a_1 < a_5 < a_2 < a_4 < a_3$；基于 MRAW 度量的排序为 $a_5 < a_1 < a_2 < a_4 < a_3$；基于 MFV 和 MRRW 度量的排序为 $a_5 < a_1 < a_2 < a_3 < a_4$；基于 MAD、MMAW 和 MMFV 度量的排序为 $a_1 = a_5 < a_2 < a_3 < a_4$。

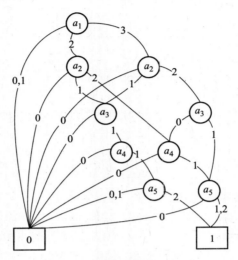

图 8.33　桥接网络的 MMDD

表 8.11　条件概率的计算结果

a_i	$P(\phi(x) < d \mid x_i = b_{ij})$			
1	1.000	1.000	0.118	0.101
2	1.000	0.225	0.146	—
3	0.203	0.167	—	—
4	0.249	0.167	—	—
5	1.000	0.123	0.101	—

表 8.12　通用 CIM 的计算结果

排序	a_j	SAD	a_j	MRAW	a_j	MFV	a_j	MRRW
1	1	0.594	5	3.458	5	0.338	5	1.526
2	5	0.473	1	4.278	1	0.235	1	1.368
3	2	0.455	2	3.624	2	0.069	2	1.080
4	4	0.081	4	1.471	3	0.011	3	1.011
5	3	0.036	3	1.204	4	0.010	4	1.010

表 8.13　替代 CIM 的计算结果

排序	a_j	MAD	a_j	MMAW	a_j	MMFV
1	1	0.125	1	1.369	1	0.369
1	5	0.125	5	1.369	5	0.369
3	2	0.044	2	1.131	2	0.131
4	3	0.0034	3	1.010	3	0.010
5	4	0.0032	4	1.009	4	0.009

8.7　基于失效频率的度量

　　基于决策图的方法可用来计算系统状态概率,并可基于这些状态概率评估 MSS 的各种性能度量,这些度量包括瞬时可用性[38]、平均可用性[203]、期望瞬时性能[247]、期望累积性能[248]和平均性能[38],还有一些需要额外输入的其他度量。特别地,当考虑与 MSS 运行相关的物流问题时,期望失效数或对特定状态的期望访问次数等更一般的度量很重要[203],但是仅使用状态概率评估是不够的,还需要失效频率[249]等系统频率度量。

　　为了计算 MSS 的状态概率,考虑将各个元件的状态概率作为输入。不过,为了计算 MSS 的频率度量,需要同时考虑各个元件的状态转换频率和状态概率。令 $f_{A,i,j}(t)$ 表示元件 A 从状态 i 到状态 j 的转换频率。如果一个元件的行为符合马尔可夫链,则

$$f_{A,i,j}(t) = p_{A,i}(t) \cdot \lambda_{A,i,j}(t) \tag{8.9}$$

式中,$p_{A,i}(t)$ 为元件 A 在 t 时刻处于状态 i 的概率;$\lambda_{A,i,j}(t)$ 为元件 A 从状态 i 到状态 j 的转换率。我们假设当状态 i 的性能优于状态 j 的性能时,状态指数 i 大于状态指数 j。

　　令 $X_{A,k}(t)$ 为元件 A 从更高性能级别状态转换到状态 k 的频率,则

$$X_{A,k}(t) = \sum_{i>k} f_{A,i,k}(t) \tag{8.10}$$

　　令 $Y_{A,k}(t)$ 为元件 A 从状态 k 转换到较低性能级别状态的频率,则

$$Y_{A,k}(t) = \sum_{i<k} f_{A,i,k}(t) \tag{8.11}$$

　　令 $\omega_{A,k}(t)$ 为元件 A 从状态 k 转换到较低性能级别状态的有效频率,则

$$\omega_{A,k}(t) = Y_{A,k}(t) - X_{A,k}(t) \tag{8.12}$$

　　令 $\omega(D,t)$ 为处于需求层级 D 的系统的失效频率,即为 t 时刻系统在每个单位时间的期望失效数。$\omega(D,t)$ 可以直接由 MDD 计算得出。在这种情况下,$\omega(D,t) = \omega_D(\text{ROOT})$ 是 MDD 根节点的失效频率。可以使用式(8.13)中的递推方法计算任何

节点的失效频率

$$\omega_D(F) = \sum_i \left[p_{A,i}(t) \cdot \omega_D(F_i) + \omega_{A,i}(t) \cdot P_D(F_i) \right] \tag{8.13}$$

后,便可计算以下 MSS 度量[38]。

期望失效数(Expected Number of Failures,ENF):指在时间区间[0,T]内 MSS 发生失效的平均数量,即

$$\text{ENF}(D,T) = \int_0^T \omega_D(t)\,\mathrm{d}t \tag{8.14}$$

平均失效间隔时间(Mean Time Between Failures,MTBF):指在长期运行中连续两次失效的间隔时间的平均值,即

$$\text{MTBF}(D) = \frac{1}{\omega_D(\infty)} \tag{8.15}$$

平均正常运行时间(Mean Up Time,MUT):指在长期运行中 MSS 的一个失效-修复周期内的平均运行时间,即

$$\text{MUT}(D) = \frac{A_D(\infty)}{\omega_D(\infty)} = A_D(\infty) \cdot \text{MTBF}(D) \tag{8.16}$$

式中,$A_D(t)$ 为系统处于需求层级 D 的瞬时可用性,计算公式为 $A(D,t) = \sum_{i:g_i \geqslant D} P_i(t)$,其中 $P_i(t)$ 为 t 时刻系统处于状态 S_i 的概率;g_i 为处于状态 S_i 的系统的性能或回报率。

平均停机时间(Mean Down Time,MDT)或平均失效时间(Mean Time to Failure,MTTF):指在长期运行中 MSS 的一个失效-修复周期内的平均停机时间,即

$$\text{MDT}(D) = \frac{1 - A_D(\infty)}{\omega_D(\infty)} = \left[1 - A_D(\infty) \right] \cdot \text{MTBF}(D) \tag{8.17}$$

瞬时平均失效间隔时间(Instantaneous MTBF,IMTBF)指连续两次失效间隔时间的平均值的时变函数,即

$$\text{IMTBF}(D,t) = \frac{1}{\omega_D(t)} \tag{8.18}$$

累积平均失效间隔时间(Cumulative MTBF,CMTBF)指在时间区间[0,T]内连续两次失效间隔时间的平均值,即

$$\text{CMTBF}(D,t) = \frac{T}{\text{ENF}(D,t)} \tag{8.19}$$

8.8 小　　结

本章介绍了两类共享决策图结构:MR-DD 和 MT-DD。这些共享模型由于生成了一个表示所有系统状态的紧凑共享图,其性能优于基于独立决策图的方法

（见第 6 章）。基于基准的性能研究表明，MDD 是 MSS 可靠性分析的最佳模型。然后介绍了 MDD 在分析不可修复的 PMS、具有非全相同元件的多态 n 中取 k 系统、多状态元件重要性度量以及 MSS 基于失效频率的度量中的应用。关于非单调关联（或非相干）系统和 PMS 的重要性度量和失效频率的研究可参见文献[250，251]。MDD 的其他应用还包括对多态加权概率网络的服务质量分析[252] 和对医疗系统的威胁建模[253] 等。

结　　论

　　自从 1993 年 BDD 数据结构首次用于二态系统的可靠性分析以来,BDD 及其扩展形式(LBDD、MMDD、MT-DD、MR-DD)得到了迅速发展,并成为复杂系统可靠性分析中最先进的组合模型。许多研究表明,这些不同的基于决策图的方法,为大量复杂系统提供了高效和准确的可靠性评估手段,例如,多态系统、具有单一或多种故障模式的多阶段任务系统、具有不同类型的不完全故障覆盖的容错系统、具有共因失效的系统、具有不相交失效的系统、具有功能相关失效的系统、冷备份和热备份系统、分布式计算系统、无线传感器网络和计算机网络等。这些系统在诸如航空航天、电力系统、医疗系统、电信系统和数据存储系统等以安全或任务为核心的应用中大量存在。

　　传统的复杂系统可靠性分析方法包括仿真和分析方法,分析方法又可以进一步分为基于状态空间的方法和组合方法。仿真方法在表达复杂和动态的系统行为时具有很强的通用性,但是通常其计算代价较大并且只能得到近似结果。在复杂动态系统的可靠性分析中,基于状态空间的方法,特别是基于马尔可夫模型的方法可以对整个系统,或通过采用模块化技术(见 4.5 节)对至少系统的动态部分进行分析。不过马尔可夫模型有一个显著的缺点,即随着系统规模的增大,模型大小会呈指数级增长,系统状态数的快速增长通常会导致模型的计算量过大且难以处理。因此,基于马尔可夫模型的方法只能用于规模非常有限的系统。此外,基于马尔可夫模型的方法通常无法处理系统元件的失效时间呈非指数分布的系统。传统的组合方法(如基于 MP/MC 的方法)对于元件失效时间的分布具有灵活性,但其对动态和相关行为的建模能力有限。此外,这些方法具有双倍的指数复杂性,对大规模系统的分析效率很低。

　　与这些传统的可靠性分析方法相比,基于决策图的方法在计算效率、精度以及建模灵活性方面都具有优势,其对所分析的系统结构或元件的失效时间分布类型均没有限制。由于具有这些优势,不同的基于决策图的方法得到了广泛应用,并将在众多世界各地的研究工程师和科学家的努力下进一步扩展到各种应用领域的复杂系统分析。

术　语　表

AGREE	Advisory Group on Reliability of Electronic Equipment	电子设备可靠性咨询小组
BDD	Binary Decision Diagram	二元决策图
BFS	Breadth First Search	广度优先搜索
CC	Common Cause	共因
CCE	Common Cause Event	共因事件
CCF	Common Cause Failure	共因失效
CCG	Common Cause Group	共因集
cdf	cumulative distribution function	累积分布函数
CIF	Criticality Importance Factor	关键重要度系数
CIM	Composite Importance Measure	复合重要度
CMTBF	Cumulative Mean Time Between Failures	累积平均故障间隔时间
CPR	Combinatorial Phase Requirement	组合阶段需求
CSP	Cold Spare	冷备份
CSS	Critical System State	关键系统状态
DAG	Directed Acyclic Graph	有向无环图
DFLM	Depth-First-Left-Most	深度优先最左遍历
DFT	Dynamic Fault Tree	动态故障树
DFS	Depth-First Search	深度优先搜索
EDA	Efficient Decomposition and Aggregation	有效分解和聚合
EDT	Expected Down Time	期望停机时间
ELC	Element Level Coverage	部件级覆盖
ENF	Expected Number of Failures	期望故障数
ENS	Expected Number of Successes	期望成功数
ETA	Event Tree Analysis	事件树分析
EUT	Expected Up Time	期望运行时间
FDEP	Functional DEPendence	功能依赖
FLC	Fault Level Coverage	故障级覆盖
FT	Fault Tree	故障树
FTA	Fault Tree Analysis	故障树分析

FTS	Fault Tolerant System	容错系统
FV	Fussell-Vesely	FV 法(又称下行法)
HSP	Hot Spare	热备份
I-E	Inclusion-Exclusion	容斥
IMTBF	Instantaneous Mean Time Between Failures	瞬时平均故障间隔时间
IPC	ImPerfect Coverage	不完全覆盖
IPCM	ImPerfect Coverage Model	不完全覆盖模型
ite	if-then-else	条件语句(ite 格式)
LBDD	Logarithmically-encoded BDD	对数编码二元决策图
MAD	Mean Absolute Deviation	平均绝对偏差
MBDD	Multistate BDD	多状态二元决策图
MC	Minimal Cutset	最小割集
MCNC	Microelectronics Center of North Carolina	北卡罗来纳州微电子中心
MCS	Monte Carlo Simulation	蒙特卡洛仿真
MDD	Multiple-valued Decision Diagram	多值决策图
MDO	Multi-state Dependent Operation	多态相关操作
MDT	Mean Down-Time	平均停机时间
MFT	Multi-state Fault Tree	多态故障树
MFV	Multi-state Fussell-Vesely	多态下行法
MIPCM	Modular IPCM	模块化不完全覆盖模型
MMAW	Mean Multi-state risk Achievement Worth	平均多态风险增值
MMDD	Multi-state Multi-valued Decision Diagram	多态多值决策图
MMCV	Multi-state Minimal Cut Vector	多态最小割集向量
MMFV	Mean MFV	平均多态下行法
MMPV	Multi-state Minimal Path Vector	多态最小路径向量
MP	Minimal Pathset	最小路径集
MRAW	Multi-state Risk Achievement Worth	多态风险增值
MRBD	Multi-state Reliability Block Diagram	多态可靠性框图
MR-DD	Multi-Rooted Decision Diagram	多根决策图
MR-LBDD	Multi-Rooted LBDD	多根对数编码二元决策图
MR-MBDD	Multi-Rooted MBDD	多根多态二元决策图
MR-MMDD	Multi-Rooted MMDD	多根多态多值决策图
MRL	Mean Residual Life	平均剩余寿命

142

MRRW	Multi-state Risk Reduction Worth	多态风险降低值
MSS	Multi-State System	多态系统
MTBF	Mean Time Between Failures	平均故障间隔时间
MT-DD	Multi-Terminal Decision Diagram	多终端决策图
MT-LBDD	Multi-Terminal LBDD	多终端对数编码二元决策图
MT-MBDD	Multi-Terminal MBDD	多终端多状态二元决策图
MT-MMDD	Multi-Terminal MMDD	多终端多态多值决策图
MTTF	Mean Time To Failure	平均故障时间
MTTR	Mean Time To Repair	平均修复时间
MUT	Mean Up Time	平均正常运行时间
NDS	Network Driven Search	网络驱动搜索
OBDD	Ordered BDD	有序二元决策图
PAND	Priority AND	优先级与
PCCF	Probabilistic CCF	概率共因故障
PDC	Performance Dependent Coverage	性能依赖覆盖
pdf	probability density function	概率密度函数
pmf	probability mass function	概率质量函数
PMS	Phased-Mission System	多阶段任务系统
RBD	Reliability Block Diagram	可靠性框图
ROBDD	Reduced OBDD	精简有序二元决策图
r.v.	random variable	随机变量
SAD	Sum of Absolute Deviation	绝对偏差之和
SDP	Sum of Disjoint Products	不交积和
SEA	Simple and Efficient Algorithm	SEA 算法
SEQ	SEQuence enforcing	顺序执行
ttf	time-to-failure	失效时间
UF	Uncovered Failure	未覆盖故障
UGF	Universal Generating Function	通用生成函数
WSP	Warm Spare	温备份
XOR	Exclusive OR	异或

参 考 文 献

[1] C. E. Shannon, "The Synthesis of Two-Terminal Switching Circuits", *Bell System Technical Journal*, vol.28, pp.59−98, January 1949.

[2] C. Y. Lee, "Representation of Switching Circuits by Binary-Decision Programs," *Bell Systems Technical Journal*, vol.38, pp.985−999, July 1959.

[3] R. T. Boute, "The Binary Decision Machine as a Programmable Controller," *EUROMICRO Newsletter*, vol.1, no.2, pp.16−22, January 1976.

[4] S. B. Akers, "Binary Decision Diagrams," *IEEE Transactions on Computers*, vol.27, no.6, pp.509−516, June 1978.

[5] R. E. Bryant, "Graph-Based Algorithms for Boolean Function Manipulation," *IEEE Transactions on Computers*, vol.35, no.8, pp.677−691, August 1986.

[6] D. M. Miller, "Multiple-Valued Logic Design Tools," *Proceedings of 23rd International Symposium on Multiple-Valued Logic* (ISMVL), pp.2−11, May 1993.

[7] D. M. Miller and R. Drechsler, "Implementing a Multiple-Valued Decision Diagram Package," *Proceedings of 28th International Symposium on Multiple-Valued Logic* (ISVML), pp.52−57, Fukuoka, Japan, May 1998.

[8] J. R. Burch, E. M. Clarke, D. E. Long, K. L. MacMillan, and D. L. Dill, "Symbolic Model Checking for Sequential Circuit Verification," *IEEE Transactions on Computer-Aided Design of Integrated Circuits and Systems*, vol.13, no.4, pp.401−424, 1994.

[9] G. Ciardo and R. Siminiceanu, "Saturation: An Efficient Iteration Strategy for Symbolic State Space Generation," *Tools and Algorithms for the Construction and Analysis of Systems*, T. Margaria and W. Yi, eds., pp.328−342, 2001.

[10] H. Hermanns, J. Meyer-Kayser, and M. Siegle, "Multi Terminal Binary Decision Diagrams to Represent and Analyse Continuous Time Markov Chains," *Numerical Solution of Markov Chains*, W. J. Stewart, B. Plateau, and M. Silva, eds., pp.188−207, 1999.

[11] A. S. Miner and S. Cheng, "Improving Efficiency of Implicit Markov Chain State Classification," *Proceedings of First International Conference on Quantitative Evaluation of Systems* (QEST '04), pp.262−271, 2004.

[12] G. Ciardo, "Reachability Set Generation for Petri Nets: Can Brute Force Be Smart," *Proceedings of 25th International Conference on Applications and Theory of Petri Nets* (ICATPN'04), pp.17−34, 2004.

[13] A. S. Miner and G. Ciardo, "Efficient Reachability Set Generation and Storage Using Decision Diagrams," *Application and Theory of Petri Nets*, H. Kleijn and S. Donatelli, eds., pp.6−25, 1999.

[14] D. Zampunieris, B. L. Charlier, "Efficient Handling of Large Sets of Tuples with Sharing Trees," *Proceedings of IEEE Data Compression Conference* (DCC), October 1995.

[15] J. R. Burch, E. M. Clarke, K. L. McMillan, D. L. Dill, and L. J. Hwang, "Symbolic Model Checking:

10^{20} States and Beyond," *Proceedings of Fifth Annual IEEE Symposium on Logic in Computer Science* (LICS), pp.1–33,1990.

[16] M.Chechik, A.Gurfinkel, B.Devereux, A.Lai, and S.Easterbrook, "Data Structures for Symbolic Multi-Valued Model-Checking," *Formal Methods in System Design*, vol.29, no.3, pp.295–344, November 2006.

[17] M.-M.Corsini and A.Rauzy, "Symbolic Model Checking and Constraint Logic Programming: A Cross-Fertilization," *Proceedings of Fifth European Symp.Programming* (ESOP '94), pp.180–194, April 1994.

[18] A.Rauzy, "New Algorithms for Fault Tree Analysis," *Reliability Engineering & System Safety*, vol.40, pp.203–211, 1993.

[19] O. Coudert, and J. C. Madre, "Fault Tree Analysis: 10^{20} Prime Implicants and Beyond," *Proceedings of the Annual Reliability and Maintainability Symposium*, pp.240–245, 1993.

[20] J.B.Dugan and S.A.Doyle, "New Results in Fault-Tree Analysis," *Tutorial Notes of the Annual Reliability and Maintainability Symposium*, 1997.

[21] L.Xing, "An Efficient Binary Decision Diagrams Based Approach for Network Reliability and Sensitivity Analysis," *IEEE Transactions on Systems, Man, and Cybernetics, Part A: Systems and Humans*, vol.38, no.1, pp.105–115, January 2008.

[22] Y. Chang, S. V. Amari, and S. Kuo, "Computing system failure frequencies and reliability importance measures using OBDD," *IEEE Transactions on Computers*, vol.53, no.1, pp.54–68, 2004.

[23] A.Rauzy, "A New Methodology to Handle Boolean Models with Loops," *IEEE Transactions on Reliability*, vol.52, no.1, pp.96–105, March 2003.

[24] J.D.Andrews and S.J.Dunnett, "Event-Tree Analysis Using Binary Decision Diagrams," *IEEE Transactions on Reliability*, vol.49, no.2, pp.230–338, June 2000.

[25] S. Y. Kuo, S. K. Lu, and F. M. Yeh, "Determining Terminal-Pair Reliability Based on Edge Expansion Diagrams Using OBDD," *IEEE Transactions on Reliability*, vol.48, pp.234–246, September 1999.

[26] X.Zang, H.Sun, and K.S.Trivedi, "A BDD-Based Algorithm for Reliability Analysis of Phased-Mission Systems," *IEEE Transactions on Reliability*, vol.48, no.1, pp.50–60, March 1999.

[27] Y. Ma and K. S. Trivedi, "An algorithm for reliability analysis of phased-mission systems," *Reliability Engineering & System Safety*, vol.66, no.2, pp.157–170, 1999.

[28] L.Xing, "Reliability evaluation of phased-mission systems with imperfect fault coverage and common-cause failures," *IEEE Transactions on Reliability*, vol.56, no.1, pp.58–68, March 2007.

[29] Y.Mo, L.Xing and S.V.Amari, "A Multiple-Valued Decision Diagram Based Method for Efficient Reliability Analysis of Non-Repairable Phased-Mission Systems," *IEEE Transaction Reliability*, vol.63, no.1, pp.320–330, March 2014.

[30] L.Xing, "Dependability Modeling and Analysis of Hierarchical Computer-Based Systems," *Ph. D. dissertation*, Department of Electrical and Computer Engineering, University of Virginia, May 2002.

[31] X.Zang, H.Sun, and K.S.Trivedi, "Dependability Analysis of Distributed Computer Systems with

Imperfect Coverage," *Proceedings of 29th Annual International Symposium on Fault-Tolerant Computing (FTCS '99)*, pp.330-337, 1999.

[32] L. Xing and J. B. Dugan, "Generalized Imperfect Coverage Phased-Mission Analysis," *Proceedings of the Annual Reliability and Maintainability Symposium*, pp. 112 - 119, January 2002.

[33] X. Zang, D. Wang, H. Sun, and K. S. Trivedi, "A BDD-Based Algorithm for Analysis of Multistate Systems with Multistate Components," *IEEE Transactions on Computers*, vol. 52, no. 12, pp. 1608-1618, December 2003.

[34] A. Shrestha and L. Xing, "A Logarithmic Binary Decision Diagrams-Based Method for Multistate Systems Analysis," *IEEE Transactions on Reliability*, vol.57, no.4, pp.595-606, 2008.

[35] L. Xing, "Efficient Analysis of Systems with Multiple States," *Proceedings of The IEEE 21st International Conference on Advanced Information Networking and Applications*, pp. 666 - 672, Niagara Falls, Canada, May 21-23, 2007.

[36] L. Xing and Y. Dai, "A New Decision Diagram Based Method for Efficient Analysis on Multi-State Systems," *IEEE Transactions on Dependable and Secure Computing*, vol. 6, no. 3, pp. 161 - 174, 2009.

[37] A. Shrestha, L. Xing, and D. W. Coit, "An Efficient Multi-State Multi-Valued Decision Diagram-Based Approach for Multi-State System Sensitivity Analysis," *IEEE Transactions on Reliability*, vol.59, no.3, pp.581-592, 2010.

[38] S. V. Amari, L. Xing, A. Shrestha, J. Akers, and K. S. Trivedi, "Performability Analysis of Multi-State Computing Systems Using Multi-Valued Decision Diagrams," *IEEE Transactions on Computers*, vol.59, no.10, pp.1419-1433, October 2010.

[39] A. Shrestha, L. Xing, and Y. Dai, "Decision Diagram-Based Methods, and Complexity Analysis for Multistate Systems," *IEEE Transactions on Reliability*, vol.59, no.1, pp.145-161, 2010.

[40] R. Peng, Q. Zhai, L. Xing, and J. Yang, "Reliability of demand-based phased-mission systems subject to fault level coverage," *Reliability Engineering & System Safety*, vol.121, pp.18-25, January 2014.

[41] Y. Mo, L. Xing, and J. B. Dugan "MDD-Based Method for Efficient Analysis on Phased-Mission Systems with Multimode Failures," *IEEE Transactions on Systems, Man, and Cybernetics: Systems*, vol.44, no.6, pp.757-769, June 2014.

[42] O. Tannous, L. Xing, R. Peng, and M. Xie, "Reliability of Warm-Standby Systems subject to Imperfect Fault Coverage," *Proceedings of the Institution of Mechanical Engineers. Part O, Journal of Risk and Reliability*, vol.228, no.6, pp.606-620, December 2014.

[43] E. Zio, "Reliability engineering: Old problems and new challenges," *Reliability Engineering & System Safety*, vol.94, no.2, pp.125-141, February 2009.

[44] J. H. Saleh, K. Marais, "Highlights from the early (and pre-) history of reliability engineering," *Reliability Engineering & System Safety*, vol.91, no.2, pp.249-256, February 2006.

[45] M. Rausand and A. Hoyland. *System Reliability Theory: Models, Statistical Methods, and Applications* (2nd Ed.), Wiley, 2003.

[46] A. Coppola, "Reliability engineering of electronic equipment: a historical perspective," *IEEE*

146

Transactions on Reliability, vol. R-33, no.1, pp.29−35, 1984.

[47] S. A. Doyle and J. B. Dugan, "Dependability assessment using binary decision diagrams (BDDs)," *Digest of Papers, Twenty-Fifth International Symposium on Fault-Tolerant Computing*, pp.249−258, June 1995.

[48] L.Xing and J.B.Dugan, "A Separable Ternary Decision Diagram Based Analysis of Generalized Phased-Mission Reliability", *IEEE Transactions on Reliability*, vol.53, no.2, pp.174 − 184, June 2004.

[49] L.Xing and J.B.Dugan, "Analysis of Generalized Phased Mission System Reliability, Performance and Sensitivity," *IEEE Transactions on Reliability*, vol.51, no.2, pp.199−211, June 2002.

[50] L. Xing and G. Levitin, "BDD-Based Reliability Evaluation of Phased-Mission Systems with Internal/External Common-Cause Failures," *Reliability Engineering & System Safety*, vol.112, pp.145−153, April 2013.

[51] C.Wang, L.Xing, and G.Levitin, "Explicit and Implicit Methods for Probabilistic Common-Cause Failure Analysis," *Reliability Engineering & System Safety*, vol.131, pp.175−184, 2014.

[52] L. Xing, O. Tannous, and J. B. Dugan, "Reliability Analysis of Non-Repairable Cold-Standby Systems Using Sequential Binary Decision Diagrams," *IEEE Transactions on Systems, Man, and Cybernetics, Part A: Systems and Humans*, vol.42, no.3, pp.715−726, May 2012.

[53] Q.Zhai, R. Peng, L. Xing, and J. Yang, "BDD-based Reliability Evaluation of k-out-of-$(n+k)$ Warm Standby Systems Subject to Fault-Level Coverage," *Proceedings of the Institution of Mechanical Engineers. Part O, Journal of Risk and Reliability*, vol.227, no.5, pp.540 − 548, October 2013.

[54] A.Allen, *Probability, Statistics and Queuing Theory: with Computer Science Applications* (2nd Ed.), ISBN: 0120510510, Academic Press, 1990.

[55] M. Modarres, M. Kaminskiy, and V. Krivtsov, *Reliability Engineering and Risk Analysis* (2nd Ed.), CRC Press, ISBN 978−0−8493−9247−4, 2009.

[56] D.J.Wilkins, "The Bathtub Curve and Product Failure Behavior Part One-The Bathtub Curve, Infant Mortality and Burn-in," *Reliability HotWire*, Issue 21, November 2002.

[57] D.J.Wilkins, "The Bathtub Curve and Product Failure Behavior Part Two-Normal Life and Wear-Out," *Reliability HotWire*, Issue 22, December 2002.

[58] C. E. Ebeling, *An Introduction to Reliability & Maintainability Engineering* (2nd edition), Waveland Press, Inc., Long Grove, Illinois, 2010.

[59] H. A. Watson. *Launch control safety study*, Bell Telephone Laboratories, Murray Hill, NJ, USA, 1961.

[60] W. E. Vesely, F. F. Goldberg, N. H. Roberts, and D. F. Haasl. *Fault tree hand-book*. U. S. Nuclear Regulatory Commission, Washington DC, USA, 1981.

[61] L.Xing and S.V. Amari, "Fault tree analysis," In *Handbook of Performability Engineering*, Chapter 38, Editor: K.B.Misra, Springer-Verlag, 2008.

[62] J.D.Andrews, "Introduction to fault tree analysis," *Tutorial Notes of the Annual Reliability and Maintainability Symposium*, 2012.

[63] H.G.Kang, S.-C.Jang and J.Ha, "Fault Tree Modeling for Redundant Multi-Functional Digital

Systems," *International Journal of Performability Engineering*, vol. 3, no. 3, pp. 329 – 336, July 2007.

[64] E.J.Henley and H.Kumamoto.*Probabilistic risk assessment*.IEEE Press,1992.

[65] H.Pham,"Optimal design of a class of noncoherent systems," *IEEE Transactions on Reliability*, vol.40,no.3,pp.361–363,1991.

[66] A. Amendola and S. Contini, "About the definition of coherency in binary system reliability analysis," In *Synthesis and analysis methods for safety and reliability studies*, Editors: G. Apostolakis,S.Garribba,and G.Volta,Plenum Press,pp.79–84,1978.

[67] P.S.Jackson,"Comment on probabilistic evaluation of prime implicants and top-events for non-coherent systems," *IEEE Transactions on Reliability*,vol.R-31,pp.172–173,1982.

[68] P.S.Jackson,"On the s-importance of elements and implicants of non-coherent systems," *IEEE Transactions on Reliability*,vol.R-32,pp.21–25,1983.

[69] B.D.Johnson and R.H.Matthews.*Non-coherent structure theory: a review and its role in fault tree analysis: reports*,AEA Technology,1983.

[70] J.Ke,Z.Su,K.Wang,and Y.Hsu,"Simulation inferences for an availability system with general repair distribution and imperfect fault coverage," *Simulation Modelling Practice and Theory*,vol. 18,no.3,pp.338–347,2010.

[71] A.Bobbio,G.Franceschinis,R.Gaeta,and L.Portinale."Exploiting Petri nets to support fault tree based dependability analysis," *Proceedings of the 8th International Workshop on Petri Nets and Performance Models*,pp.146–155,1999.

[72] J.B.Dugan,S.J.Bavuso,and M.A.Boyd,"Fault trees and Markov models for reliability analysis of fault tolerant systems," *Reliability Engineering & System Safety*,vol.39,pp.291–307,1993.

[73] G.S.Hura and J.W.Atwood,"The use of Petri nets to analyze coherent fault trees," *IEEE Transactions on Reliability*,vol.R-37,pp.469–474,1988.

[74] M.Malhotra and K.S.Trivedi,"Dependability modeling using Petri nets," *IEEE Transactions on Reliability*,vol.R-44,pp.428–440,1995.

[75] R.Sinnamon and J.D.Andrews,"Fault tree analysis and binary decision diagrams," *Proceedings of the Annual Reliability and Maintainability Symposium*,pp.215–222,1996.

[76] R.Gulati and J.B.Dugan,"A modular approach for analyzing static and dynamic fault trees," *Proceedings of the Annual Reliability and Maintainability Symposium*,1997.

[77] R.Sahner,K.S.Trivedi,and A.Puliafito.*Performance and reliability analysis of computer systems: an example-based approach using the SHARPE software package*. Kluwer Academic Publisher,1996.

[78] D.Liu,C.Zhang,W.Xing,R.Li,and H.Li,"Quantification of cut sequence set for fault tree analysis," *HPCC2007,Lecture Notes in Computer Science*,Springer-Verlag,pp.755–765,2007.

[79] O. Tannous, l. Xing, and J. B. Dugan, "Reliability analysis of warm standby systems using sequential BDD," *Proceedings of the Annual Reliability and Maintainability Symposium*, FL, USA,2011.

[80] A.Rauzy,"Sequence algebra,sequence decision diagrams and dynamic fault trees," *Reliability Engineering & System Safety*,vol.96,no.7,pp.785–792,2011.

[81] L.Xing, A.Shrestha, and Y.Dai, "Exact combinatorial reliability analysis of dynamic systems with sequence-dependent failures," *Reliability Engineering & System Safety*, vol.96, no.10, pp.1375–1385, 2011.

[82] K.D.Heidtmann, "A class of noncoherent systems and their reliability analysis," *Proceedings of the 11th Annual Symposium on Fault Tolerant Computing*, pp.96–98, 1981.

[83] S.J.Upadhyaya and H.Pham, "Analysis of noncoherent systems and an architecture for the computation of the system reliability," *IEEE Transactions on Computers*, vol.42, no.4, pp.484–493, 1993.

[84] T.Inagaki and E.J.Henley, "Probabilistic evaluation of prime implicants and top-events for non-coherent systems," *IEEE Transactions on Reliability*, vol.29, no.5, pp.361–367, 1980.

[85] E.Borgonovo, "The reliability importance of components and prime implicants in coherent and non-coherent systems including total-order interactions," *European Journal of Operational Research*, vol.204, no.3, pp.485–495, 2010.

[86] J.Liu and Z.Pan, "A new method to calculate the failure frequency of noncoherent systems," *IEEE Transactions on Reliability*, vol.39, no.3, pp.287–289, 1990.

[87] S.Beeson and J.D.Andrews, "Importance measures for non-coherent-system analysis," *IEEE Transactions on Reliability*, vol.52, no.3, pp.301–310, 2003.

[88] D.Wang and K.S.Trivedi, "Computing steady-state mean time to failure for non-coherent repairable systems," *IEEE Transactions on Reliability*, vol.54, no.3, pp.506–516, 2005.

[89] S.Minato, N.Ishiura, and S.Yajima, "Shared Binary Decision Diagrams with Attributed Edges for Efficient Boolean Function Manipulation," In L.J.M Claesen, editor, *Proceedings of the 27th ACM/IEEE Design Automation Conference*, pp.52–57, June 1990.

[90] M.Fujita, H.Fujisawa, and N.Kawato, "Evaluation and Improvements of Boolean Comparison Method Based on Binary Decision Diagrams," *Proceedings of IEEE International Conference on Computer Aided Design*, pp.2–5, 1988.

[91] M.Fujita, H.Fujisawa, and Y.Matsugana, "Variable Ordering Algorithm for Ordered Binary Decision Diagrams and Their Evalutation," *IEEE Transactions on Computer-Aided Design of Integrated Circuits and Systems*, vol.12, no.1, pp.6–12, January 1993.

[92] M.Bouissou, F.Bruyere, and A.Rauzy, "BDD based fault-tree processing: a comparison of variable ordering heuristics," *Proceedings of ESREL Conference*, 1997.

[93] M.Bouissou, "An Ordering Heuristics for Building Binary Decision Diagrams from Fault-Trees," *Proceedings of the Annual Reliability and Maintainability Symposium*, 1996.

[94] K.M.Butler, D.E.Ross, R.Kapur, and M.R.Mercer, "Heuristics to Compute Variable Orderings for Efficient Manipulation of Ordered BDDs," *Proceedings of the 28th Design Automation Conference*, San Francisco, California, June 1991.

[95] K.J.Sullivan, J.B.Dugan, and D.Coppit, "The Galileo fault tree analysis tool," *Proceedings of the 29th International Conference on Fault-Tolerant Computing*, 1999.

[96] A.Shrestha, L.Xing, Y.Sun, and V.M.Vokkarane, "Infrastructure Communication Reliability of Wireless Sensor Networks Considering Common-Cause Failures," *International Journal of Performability Engineering*, special issue on Dependability of Wireless Systems and Networks,

vol.8,no.2,pp.141−150,March 2012.

[97] J.U.Herrmann,S.Soh,S.Rai,and G.West,"On Augmented OBDD and Performability for Sensor Networks," *International Journal of Performability Engineering*, vol. 6, no. 4, pp. 331 − 342, July 2010.

[98] L.Xing,H.Wang,C.Wang,and Y.Wang,"BDD-Based Two-Party Trust Sensitivity Analysis for Social Networks," *International Journal of Security and Networks*, vol. 7, no. 4, pp. 242 − 251,2012.

[99] I.B.Gertsbakh and Y.Shpungin.*Models of Network Reliability*: *Analysis*,*Combinatorics*,*and Monte Carlo*.Boca Raton,FL: CRC Press.2010.

[100] Z. I. Botev, P. L' Ecuyer, G. Rubino, R. Simard, and B. Tuffin, "Static network reliability estimation via generalized splitting," *INFORMS Journal on Computing*, vol.25, no. 1, pp.56− 71,2013.

[101] C.J.Colbourn,*The combinatorics of network reliability*.NewYork: Oxford University Press,1987.

[102] Y. K. Lin, "Reliability evaluation for an information network with node failure under cost constraint," *IEEE Transactions on Systems, Man, and Cybernetics, Part A: Systems and Humans*,vol.37,no.2,pp.180−188,March 2007.

[103] W.C.Yeh,"A greedy branch-and-bound inclusion-exclusion algorithm for calculating the exact multi-state network reliability," *IEEE Transactions on Reliability*, vol. 57, no. 1, pp. 88 − 93, March 2008.

[104] W.C.Yeh,"An improved sum-of-disjoint-products technique for the symbolic network reliability analysis with known minimal paths," *Reliability Engineering & System Safety*,vol.92,no.2,pp. 260−268,February 2007.

[105] J.Li and J.He."A recursive decomposition algorithm for network seismic reliability evaluation," *Earthquake Engineering & Structural Dynamics*,vol.31,pp.1525−1539.2002.

[106] Y. Kim and W.-H. Kang, "Network reliability analysis of complex systems using a non-simulation-based method," *Reliability Engineering & System Safety*, vol. 110, pp. 80 − 88, February 2013.

[107] W.H. Kang, J. Song, P. Gardoni, "Matrix-based system reliability method and applications to bridge networks," *Reliability Engineering & System Safety*,vol.93,pp.1584−1593,2008.

[108] J.Song,W.-H.Kang,"System reliability and sensitivity under statistical dependence by matrix-based system reliability method," *Structural Safety*,vol.31,pp.148−156,2009.

[109] G.Levitin,"Reliability Evaluation for Acyclic Consecutively Connected Networks with Multistate Elements," *Reliability Engineering & System Safety*,vol.73,no.2,pp.137−143,2001.

[110] W.C.Yeh and Y.M.Yeh,"A novel label universal generating function method for evaluating the one-to-all subsets general multistate information network reliability," *IEEE Transactions on Reliability*,vol.60,no.2,pp.470−478,June 2011.

[111] W.C.Yeh,"An improved method for the multistate flow network reliability with unreliable nodes and the budget constraint based on path set," *IEEE Transactions on Systems, Man, and Cybernetics,Part A: Systems and Humans*,vol.41,no.2,pp.350−355,March 2011.

[112] W.C.Yeh,"A Modified Universal Generating Function Algorithm for the Acyclic Binary-State
150

Network Reliability," *IEEE Transactions on Reliability*, vol.61, no.3, pp.702-709, Sept.2012.

[113] F.M.Yeh, S.K.Lu, and S.Y.Kuo, "OBDD-based evaluation of k-terminal network reliability," *IEEE Transactions on Reliability*, vol.R-51, no.4, 2002.

[114] S.Y.Kuo, F.M.Yeh, and H.Y Lin, "Efficient and Exact Reliability Evaluation for Networks With Imperfect Vertices," *IEEE Transactions on Reliability*, vol.56, no.2, pp.288-300, 2007.

[115] G. Hardy, C. Lucet, and N. Limnios, "*K*-Terminal Network Reliability Measures With Binary Decision Diagrams," *IEEE Transactions on Reliability*, vol.56 no.3, pp.506-515, 2007.

[116] X.Zang, H.Sun, and K.S.Trivedi. *A BDD-based algorithm for reliability graph analysis*. Technical report, Department of Electrical Engineering, Duke University, 2000.

[117] S.J.Friedman and K.J.Supowit, "Finding the Optimal Variable Ordering for Binary Decision Diagrams," *Proceedings of 24th ACM/IEEE Conference on Design Automation*, pp. 348 - 356, 1987.

[118] Y.Dutuit, A.Rauzy and J.P.Signoret, "Computing Network Reliability with Réséda and Aralia," *Proceedings of European Safety and Reliability Association Conference*, pp 1947-1952, 1996.

[119] Y.Mo, L.Xing, F.Zhong, Z.Pan, and Z.Chen "Choosing a Heuristic and Root node for Edge Ordering in BDD-based Network Reliability Analysis," *Reliability Engineering & System Safety*, vol.131, pp.83-93, November 2014.

[120] J.D.Andrews and T.R.Moss. *Reliability and risk assessment*. Longman Scientific and Technical, Essex, 1993.

[121] A.D.Swain and H.E.Guttmann, *Handbook of Human Reliability Analysis in Nuclear Power Plant Applications*. U. S. Nuclear Regulatory Commission, Washington DC, NUREG/CR-1278, August 1983.

[122] T.Aven, "On when to base Event Trees and Fault Trees on Probability Models and Frequentist Probabilities in Quantitative Risk Assessments," *International Journal of Performability Engineering*, vol.8, no.3, pp.311-320, May 2012.

[123] Center for Chemical Process Safety (CCPS), *Guidelines for Hazard Evaluation Procedures*, 3rd Edition, Wiley, 2008.

[124] R.E.Barlow and F.Proshan, *Mathematical Theory of Reliability*, SIAM, 1996.

[125] W.G.Schneeweiss, "The Failure Frequency of Systems with Dependent Components," *IEEE Transactions on Reliability*, vol.R-35, pp.512-517, December 1986.

[126] W.G.Schneeweiss. *The fault tree method*, Hagen: LiLoLe-Verlag, 1999.

[127] H.Kumamoto and E.J.Henley, *Probabilistic Risk Assessment and Management for Engineers and Scientists*, Second Edition, IEEE Press, 1996.

[128] T. E. Nøkland and T. Aven, "On Selection of Importance Measures in Risk and Reliability Analysis," *International Journal of Performability Engineering*, vol. 9, no. 2, pp. 133 - 147, March 2013.

[129] A.Anne. *Implementation of sensitivity measures for static and dynamic subtrees in DIFtree*. M.S. Thesis, University of Virginia, 1997.

[130] L. Xing and S. V. Amari, "Effective component importance analysis for the maintenance of systems with common-cause failures," *International Journal of Reliability, Quality and Safety*

151

Engineering, vol.14, no.5, pp.459–478, 2007.

[131] W. Kuo and X. Zhu, *Importance measures in reliability, risk, and optimization: principles and applications*, Wiley, 2012.

[132] E.J.Henlay and H.Kumamato.*Reliability engineering and risk assessment*, Prentice-Hall, 1981.

[133] Z.W.Birnbaum, "On the importance of different components in a multicomponent system," In *Multivariate analysis*, Editor: P.Krishnaiah, Academic Press, 1969.

[134] Y. Dutuit and A. Rauzy, "A linear time algorithm to find modules of fault trees," *IEEE Transactions on Reliability*, vol.45, no.3, pp.422–425, 1996.

[135] R.Manian, J.B.Dugan, D.Coppit, and K.J.Sullivan, "Combining various solution techniques for dynamic fault tree analysis of computer systems," *Proceedings of the 3rd IEEE International High-Assurance Systems Engineering Symposium*, pp.21–28, 1998.

[136] B.D.Johnson and R.H.Matthews, *Non-coherent structure theory: a review and its role in fault tree analysis: reports*, AEA Technology, October 1983.

[137] S. Wolfram. *Mathematica-a system for doing mathematics by computer*. Addison-Wesley, California 1991.

[138] S.V.Amari, "Computing failure frequency of noncoherent systems," *International Journal of Performability Engineering*, vol.2, no.2, pp.123–133, 2006.

[139] D.W.Twigg, A.V.Ramesh, U.R.Sandadi, and T.C.Sharma, "Modeling mutually exclusive events in fault trees," *Proceedings of the Annual Reliability and Maintainability Symposium*, pp.8–13, 2000.

[140] G. Levitin, L. Xing, and Y. Dai, "Optimal component loading in 1-out-of-N cold standby systems," *Reliability Engineering & System Safety*, vol.127, pp.58–64, July 2014.

[141] NUREG/CR-4780, *Procedure for treating common-cause failures in safety and reliability studies*. U.S.Nuclear Regulatory Commission, vol.I and II, Washington DC, USA, 1998.

[142] S.Mitra, N.R.Saxena, and E.J.McCluskey, "Common-mode failures in redundant VLSI systems: a survey," *IEEE Transactions on Reliability*, vol.49, no.3, pp.285–295, 2000.

[143] D.S.Bai, W.Y.Yun, and S.W.Chung, "Redundancy optimization of k-out-of-n systems with common-cause failures," *IEEE Transactions on Reliability*, vol.40, no.1, pp.56–59, 1991.

[144] J.K.Vaurio, "An implicit method for incorporating common-cause failures in system analysis," *IEEE Transactions on Reliability*, vol.47, no.2, pp.173–180, 1998.

[145] K.C.Chae and G.M.Clark, "System reliability in the presence of common-cause failures," *IEEE Transactions on Reliability*, vol.R-35, pp.32–35, 1986.

[146] K.N. Fleming, N. Mosleh, and R.K. Deremer, "A systematic procedure for incorporation of common cause events into risk and reliability models," *Nuclear Engineering and Design*, vol. 93, pp.245–273, 1986.

[147] Y. Dai, M. Xie, K. L. Poh and S. H. Ng, "A model for correlated failures in N-version programming", *IIE Transactions*, vol.36, no.12, pp.1183–1192, 2004.

[148] J.K.Vaurio, "Fault tree analysis of phased mission systems with repairable and non-repairable components", *Reliability Engineering & System Safety*, vol. 74, no. 2, pp. 169–180, November 2001.

[149] K. N. Fleming and A. Mosleh, " Common-cause data analysis and implications in system modeling" , *Proceedings of the International Topical Meeting on Probabilistic safety methods and applications* , San Francisco, California, vol.1: 3/1–3/12, EPRI NP-39129-SR, 1985.

[150] L. Xing, " Fault-tolerant network reliability and importance analysis using binary decision diagrams, " *Proceedings of the Annual Reliability and Maintainability Symposium* , Los Angeles, CA, USA, 2004.

[151] Z. Tang and J. B. Dugan, " An integrated method for incorporating common cause failures in system analysis" , *Proceedings of the Annual Reliability and Maintainability Symposium* , pp. 610–614, Las Vagas, Nevada, January 2004.

[152] L. Xing, A. Sherstha, L. Meshkat and W. Wang, " Incorporating common-cause failures into the modular hierarchical systems analysis" , *IEEE Transactions on Reliability* , vol.58, no.1, pp.10–19, March 2009.

[153] L. Xing, " Reliability modeling and analysis of complex hierarchical systems, " *International Journal of Reliability, Quality and Safety Engineering* , vol.12, no.6, pp.477–492, 2005.

[154] L. Xing and W. Wang, " Probabilistic common-cause failures analysis" , *Proceedings of the Annual Reliability and Maintainability Symposium* , pp. 354 – 358, Las Vagas, Nevada, January 2008.

[155] L. Xing, P. Boddu, Y. Sun, and W. Wang, " Reliability Analysis of Static and Dynamic Fault-Tolerant Systems subject to Probabilistic Common-Cause Failures, " *Proceedings of the Institution of Mechanical Engineers. Part O: Journal of Risk and Reliability* , vol.224, no.1, pp. 43–53, 2010.

[156] M. Rausand, *Risk Assessment: Theory, Methods, and Applications* , Wiley, 2011.

[157] G. Merle, J-M. Roussel, and J-J. Lesage, " Improving the Efficiency of Dynamic Fault Tree Analysis by Considering Gates FDEP as Static, " *Proceedings of European Safety and Reliability Conference* , Rhodes, Greece, 2010.

[158] L. Xing, B. A. Morrissette, and J. B. Dugan, " Combinatorial reliability analysis of imperfect coverage systems subject to functional dependence, " *IEEE Transaction on Reliability* , vol.63, no.1, pp.367–382, March 2014.

[159] I. Dobson, B. A. Carreras, and D. E. Newman, " A loading-dependent model of probabilistic cascading failure, " *Probability in the Engineering and Informational Sciences* , vol.19, no.1, pp. 15–32, 2005.

[160] L. Xing, J. B. Dugan, and B. A. Morrissette, " Efficient Reliability Analysis of Systems with Functional Dependence Loops, " *Eksploatacja i Niezawodnosc-Maintenance and Reliability* , pp. 65–69, Issue 3/2009, ISSN 1507–2711, 2009.

[161] L. Xing and G. Levitin, " Combinatorial Analysis of Systems with Competing Failures Subject to Failure Isolation and Propagation Effects, " *Reliability Engineering & System Safety* , vol.95, No. 11, pp.1210–1215, November 2010.

[162] L. Xing, G. Levitin, C. Wang, and Y. Dai, " Reliability of systems subject to failures with dependent propagation effect, " *IEEE Transactions on Systems, Man, and Cybernetics: Systems* , vol.43, no.2, pp.277–290, 2013.

[163] L. Xing and G. Levitin, "Combinatorial algorithm for reliability analysis of multi-state systems with propagated failures and failure isolation effect," *IEEE Transactions on Systems, Man, and Cybernetics, Part A: Systems and Humans*, vol.41, no.6, pp.1156–1165, 2011.

[164] L. Xing, G. Levitin, and C. Wang, "Multi-state systems with independent local and propagated failures and competing failure propagation and isolation effects," *Proceedings of the seventh International Conference on Mathematical Methods in Reliability*, pp.607–613, 2011.

[165] C. Wang, L. Xing, and G. Levitin, "Competing failure analysis in phased-mission system with functional dependence in one of phases," *Reliability Engineering & System Safety*, vol.108, no. 12, pp.90–99, 2012.

[166] C. Wang, L. Xing, and G. Levitin, "Reliability analysis of multi-trigger binary systems subject to competing failures," *Reliability Engineering & System Safety*, vol.111, no.3, pp.9–17, 2013.

[167] L. Xing, "Reliability Importance Analysis of Generalized Phased-Mission Systems," *International Journal of Performability Engineering*, vol.3, no.3, pp.303–318, July 2007.

[168] D. Astapenko and L. M. Bartlett, "Phased Mission System Design Optimisation Using Genetic Algorithms," *International Journal of Performability Engineering*, vol.5, no.4, pp.313–324, July 2009.

[169] L. Xing and S. V. Amari, "Reliability of Phased-Mission Systems," in *Handbook of Performability Engineering*, Chapter 23, 20 pages, Editor: Krishna B. Misra, Springer-Verlag, ISBN: 978-1-84800-130-5, 2008.

[170] R. E. Altschul and P. M. Nagel, "The efficient simulation of phased fault trees," *Proceedings of the Annual Reliability and Maintainability Symposium*, pp.292–296, 1987.

[171] F. A. Tillman, C. H. Lie, and C. L. Hwang, "Simulation model of mission effectiveness for military systems," *IEEE Transactions on Reliability*, vol.R-27, pp.191–194, 1978.

[172] L. Xing, S. V. Amari, and C. Wang, "Reliability of k-out-of-n Systems with Phased-Mission Requirements and Imperfect Fault Coverage," *Reliability Engineering & System Safety*, vol. 103, pp.45–50, July 2012.

[173] G. Levitin, L. Xing, and S. V. Amari, "Recursive Algorithm for Reliability Evaluation of Non-repairable Phased Mission Systems with Binary Elements," *IEEE Transactions on Reliability*, vol.61, no.2, pp.533–542, June 2012.

[174] J. B. Dugan, "Automated analysis of phased-mission reliability," *IEEE Transactions on Reliability*, vol.40, no.1, pp.45–52, 55, 1991.

[175] M. K. Smotherman and K. Zemoudeh, "A non-homogeneous Markov model for phased-mission reliability analysis," *IEEE Transactions on Reliability*, vol.38, no.5, pp.585–590, 1989.

[176] A. Bondavalli, S. Chiaradonna, F. Di Giandomenico, and I. Mura, "Dependability modeling and evaluation of multiple-phased systems using DEEM," *IEEE Transactions on Reliability*, vol.53, no.4, pp.509–522, 2004.

[177] I. Mura and A. Bondavalli, "Hierarchical modeling and evaluation of phased-mission systems," *IEEE Transactions on Reliability*, vol.48, no.4, pp.360–368, 1999.

[178] I. Mura and A. Bondavalli, "Markov regenerative stochastic Petri nets to model and evaluate phased mission systems dependability," *IEEE Transactions on Computers*, vol.50, no.12, pp.

1337-1351,2001.

[179] J.D. Esary and H. Ziehms, "Reliability analysis of phased missions," In R. E. Barlow, J. B. Fussell, and N. D. Singpurwalla, editors, *Reliability and fault tree analysis: theoretical and applied aspects of system reliability and safety assessment*, pp. 213 – 236, Philadelphia, PA, SIAM,1975.

[180] A. K. Somani and K. S. Trivedi, *Boolean algebraic methods for phased-mission system analysis.* Technical Report NAS1-19480, NASA Langley Research Center, Hampton, Virginia,1997.

[181] Z. Tang and J. B. Dugan, "BDD-based reliability analysis of phased-mission systems with multimode failures," *IEEE Transactions on Reliability*, vol.55, no.2, pp.350-360,2006.

[182] L. Meshkat. *Dependency modeling and phase analysis for embedded computer based systems.* Ph.D Dissertation, Systems Engineering, University of Virginia, 2000.

[183] L. Meshkat, L. Xing, S. Donohue, and Y. Ou, "An overview of the phase-modular fault tree approach to phased-mission system analysis," *Proceedings of the International Conference on Space Mission Challenges for Information Technology*, pp.393-398,2003.

[184] Y. Ou. *Dependability and sensitivity analysis of multi-phase systems using Markov chains.* Ph.D Dissertation, Electrical and Computer Engineering, University of Virginia, May 2002.

[185] Y. Ou and J. B. Dugan, "Modular solution of dynamic multi-phase systems," *IEEE Transactions on Reliability*, vol.53, no.4, pp.499-508,2004.

[186] Y. Dai, G. Levitin, and L. Xing, "Structure Optimization of Non-repairable Phased Mission Systems," *IEEE Transactions on Systems, Man, and Cybernetics: Systems*, vol. 44, no. 1, pp.121-129, January 2014.

[187] M. Alam, S. Min; S. L. Hester, T. A. Seliga, "Reliability analysis of phased-mission systems: a practical approach," *Proceedings of the Annual Reliability and Maintainability Symposium*, pp. 551-558, January 2006.

[188] K. E. Murphy, C. M. Carter, and A. W. Malerich, "Reliability analysis of phased-mission systems: a correct approach," *Proceedings of the Annual Reliability and Maintainability Symposium*, pp. 7-12, January 2007.

[189] A. K. Somani and K. S. Trivedi, "Phased-mission system analysis using Boolean algebraic methods," *Proceedings of the ACM Sigmetrics Conference on Measurement and Modeling of Computer Systems*, pp.98-107,1994.

[190] L. Xing and J. B. Dugan, "Comments on PMS BDD Generation," *IEEE Transactions on Reliability*, vol.53, no.2, pp.169-173,2004.

[191] A. Shrestha, L. Xing, and Y. S. Dai, "Reliability Analysis of Multi-State Phased-Mission Systems with Unordered and Ordered States," *IEEE Transactions on Systems, Man, and Cybernetics, Part A: Systems and Humans*, vol.41, no.4, pp.625-636, July 2011.

[192] G. Levitin and L. Xing, "Reliability and Performance of Multi-state Systems with Propagated Failures Having Selective Effect," *Reliability Engineering & System Safety*, vol.95, no.6, pp. 655-661, June 2010.

[193] J. Huang and M. J. Zuo, "Dominant Multi-State Systems," *IEEE Transactions on Reliability*, vol. 53, no.3, pp.362-368,2004.

[194] G.Levitin, "Reliability of Multi-State Systems with Two Failure-Modes," *IEEE Transactions on Reliability*, vol.52, no.3, pp.340-348, 2003.

[195] Y-R.Chang, S. V. Amari, and S-Y. Kuo, "OBDD-based evaluation of reliability and importance measures for multistate systems subject to imperfect fault coverage," *IEEE Transactions on Dependable and Secure Computing*, vol.2, no.4, pp.336-347, October-December 2005.

[196] W.Li and H.Pham, "Reliability modeling of multi-state degraded systems with multi-competing failures and random shocks," *IEEE Transactions on Reliability*, vol. 54, pp. 297 - 303, June 2005.

[197] G.Cafaro, F. Corsi, and F. Vacca, "Multistate Markov models and structural properties of the transition rate matrix," *IEEE Transactions on Reliability*, vol.R-35, no.2, pp.192-200, 1986.

[198] N. Limnios and G. Oprisan. *Semi-Markov processes and reliability*, Birkhauser Boston/ Berlin, 2001.

[199] E. Zio and L. Podofillini, "Monte-Carlo simulation analysis of the effects on different system performance levels on the importance on multi-state components," *Reliability Engineering & System Safety*, vol.82, no.1, pp.63-73, 2003.

[200] J. E. Ramirez-Marquez, D. W. Coit, and M. Tortorella, "A generalized multi-state-based path vector approach for multistate two-terminal reliability," *IIE Transactions*, vol. 38, no. 6, pp. 477-488, 2004.

[201] W.C.Yeh, "A simple MC-based algorithm for evaluating reliability of a stochastic-flow network with unreliable nodes," *Reliability Engineering & System Safety*, vol.83, no.1, pp.47-55, 2004.

[202] G.Levitin, "A universal generating function approach for the analysis of multi-state systems with dependent elements," *Reliability Engineering & System Safety*, vol. 84, no. 3, pp. 285 - 292, 2004.

[203] A. Lisnianski and G. Levitin. *Multi-state system reliability. Assessment, optimization and applications*, World Scientific, 2003.

[204] L. Caldarola, "Coherent Systems with Multistate Components," *Nuclear Eng. and Design*, vol. 58, pp.127-139, 1980.

[205] J. E. Ramirez-Marquez and D. W. Coit, "A Monte-Carlo simulation approach for approximating multistate two-terminal reliability," *Reliability Engineering & System Safety*, vol.87, no.2, pp. 253-264, February 2005.

[206] S.Yang, *Logic synthesis and optimization benchmarks user guide version* 3.0, Technical Report, Microelectronics Center of North Carolina (MCNC), 1991.

[207] T.H.Cormen, C.E.Leiserson, R.L.Rivest, and C.Stein. *Introduction to Algorithms* (2nd Edition). The MIT Press, 2001.

[208] B.W.Johnson. *Design and Analysis of Fault Tolerant Digital Systems*, Addison-Wesley, 1989.

[209] M. L. Shooman. *Reliability of Computer Systems and Networks: Fault Tolerance, Analysis, and Design*, John Wiley, 2002.

[210] S.V.Amari, H.Pham, G.Dill, "Optimal design of k-out-of-n:G subsystems subjected to imperfect fault-coverage," *IEEE Transactions on Reliability*, vol.53, pp.567-575, 2004.

[211] A.F.Myers, *FCASE: Flight Critical Aircraft System Evaluation*, 2006.

156

[212] T.F.Arnold, "The concept of coverage and its effect on the reliability model of a repairable system," *IEEE Transactions on Computers*, vol.C-22, pp.325− 339, 1973.

[213] J.B.Dugan. "Fault Trees and Imperfect Coverage," *IEEE Transactions on Reliability*, vol.38, no. 2, pp.177−185, June 1989.

[214] J.B.Dugan and K.S.Trivedi. "Coverage Modeling for Dependability Analysis of Fault-Tolerant Systems," *IEEE Transactions on Computers*, vol.38, no.6, pp.775−787, 1989.

[215] W.Vesely, et al, *Fault Tree Handbook with Aerospace Applications*, Version 1.1, 2002.

[216] G.Levitin, "Block diagram method for analyzing multi-state systems with uncovered failures," *Reliability Engineering & System Safety*, vol.92, pp.727−734, 2007.

[217] S.V.Amari, *Reliability, Risk and Fault-Tolerance of Complex Systems*, PhD Dissertation, Indian Institute of Technology, Kharagpur, 1997.

[218] M.Malhotra, K.S.Trivedi, "Data integrity analysis of disk array systems with analytic modeling of coverage," *Performance Evaluation*, vol.22, pp.111−133, 1995.

[219] S. A. Doyle, J. B. Dugan, and A. Patterson-Hine. "A Combinatorial Approach to Modeling Imperfect Coverage," *IEEE Transactions on Reliability*, pp.87−94, March 1995.

[220] S. V. Amari, A. F. Myers, A. Rauzy, and K. S. Trivedi. Imperfect Coverage Models: Status and Trends. Chapter 22 in *Handbook of Performability Engineering* (Editor: K.B.Misra), Springer London, 2008.

[221] G.Levitin, S.V.Amari. "Multi-state systems with static performance dependent fault coverage," *Proc.IMechE, PartO: Journal of Risk and Reliability*, vol.222, pp.95−103, 2008.

[222] G.Levitin, S.V.Amari. "Multi-state systems with multi-fault coverage," *Reliability Engineering & System Safety*, vol.93, pp.1730−1739, 2008.

[223] A. F. Myers, "*k*-out-of-*n*: G System Reliability With Imperfect Fault Coverage," *IEEE Transactions on Reliability*, vol.56, no.3, pp.464−473, September 2007.

[224] G.Levitin and S.V.Amari, "Three types of fault coverage in multi-state systems," *Proceedings of The 8th International Conference on Reliability, Maintainability and Safety (ICRMS)*, pp. 122−127, July 2009.

[225] A.Myers, and A.Rauzy, "Assessment of redundant systems with imperfect coverage by means of binary decision diagrams," *Reliability Engineering & System Safety*, vol.93, no.7, pp.1025− 1035, 2008.

[226] W.G.Bouricius, W.C.Carter, P.R.Schneider, "Reliability modeling techniques for self-repairing computer systems," *Proceedings of 24th Annual ACM National Conference*, pp.295−309, 1969.

[227] A.Avizienis, J.-C.Laprie, B.Randell, C.Landwehr, "Basic concepts and taxonomy of dependable and secure computing," *IEEE Transactions on Dependable and Secure Computing*, vol.1, pp. 11−33, 2004.

[228] W.G.Bouricius, W.C.Carter, D.C.Jessep, P.R.Schneider, A.B.Wadia, "Reliability modeling for fault-tolerant computers," *IEEE Transactions on Computers*, vol.C-20, pp.1306−1311, 1971.

[229] M.Cukier, D.Powell, J.Arlat, "Coverage estimation methods for stratified fault-injection," *IEEE Transactions on Computers*, vol.48, pp.707−723, 1999.

[230] S.J.Bavuso, J. B. Dugan, K. S. Trivedi, E. M. Rothmann, W. E. Smith, "Analysis of typical fault-

tolerant architectures using HARP," *IEEE Transactions on Reliability*, vol. R-36, pp. 176 – 185, 1987.

[231] K.S.Trivedi, J.B.Dugan, R.Geist, M.Smotherman, "Modeling imperfect coverage in fault-tolerant systems," *Proceedings of Fault-Tolerant Computing Symp.* (FTCS), pp.77–82, 1984.

[232] S.J.Bavuso, et.al., *HiRel: Hybrid Automated Reliability Predictor Tool System* (Version 7.0), NASA TP 3452, 1994.

[233] R. Geist, K. S. Trivedi, "Reliability Estimation of Fault-Tolerant Systems: Tools and Techniques," *IEEE Computer, Special Issue on Fault-Tolerant Computing*, vol. 23, pp. 52 – 61, 1990.

[234] A.M.Johnson, Jr., M.Malek, "Survey of software tools for evaluating reliability, availability, and serviceability," *ACM Computing Surveys*, vol.20, pp.227–269, 1988.

[235] S. V. Amari, J. B. Dugan, and R. B. Misra. "A Separable Method for Incorporating Imperfect Coverage in Combinatorial Model," *IEEE Transactions on Reliability*, vol. 48, no. 3, September 1999.

[236] A.Shrestha, L.Xing, and S.V.Amari, "Reliability and Sensitivity Analysis of Imperfect Coverage Multi-State Systems," *Proceedings of the Annual Reliability and Maintainability Symposium*, San Jose, CA, USA, January 2010.

[237] L.Xing and J.B.Dugan, Dependability Analysis of Hierarchical Systems with Modular Imperfect Coverage, *Proceedings of The 19th International System Safety Conference*, Huntsville, Alabama, September 2001.

[238] P.Boddu and L.Xing, "Incorporating Modular Imperfect Coverage into Dynamic Hierarchical Systems Analysis," *Proceedings of The 3rd IEEE International Symposium on Dependable, Autonomic and Secure Computing*, pp.21–28, Loyola College Graduate Center, Columbia, MD, USA, September 2007.

[239] L.M.Bartlett and J.D. Andrews, "Choosing a heuristic for the "fault tree to binary decision diagram" conversion, using neural networks," *IEEE Transactions Reliability*, vol.51, no.3, pp. 344–349, September 2002.

[240] Z.Tian, M.J.Zuo, and RCM.Yam, "The multi-state k-out-of-n systems and their performance evaluation," *IIE Transactions*, vol.41, pp.32–44, 2009.

[241] Y. Mo, L. Xing, S. V. Amari, and J. B. Dugan, "Efficient analysis of multi-state k-out-of-n systems," *Reliability Engineering & System Safety*, vol.133, pp.95–105, January 2015.

[242] G.Levitin and A.Lisnianski, "Importance and sensitivity analysis of multistate systems using the universal generating function method," *Reliability Engineering & System Safety*, vol.65, no.3, pp.271–282, September 1999.

[243] M.J.Armstrong, "Reliability-importance and dual failure-mode elements," *IEEE Transactions on Reliability*, vol.46, no.2, pp.212–221, 1997.

[244] J.E.Ramirez-Marquez and D.W.Coit, "Composite importance measures for multi-state systems with multi-state components," *IEEE Transactions on Reliability*, vol. 54, no. 3, pp. 517 – 529, September 2005.

[245] J.E.Ramirez-Marquez and D.W.Coit, "Multi-state component criticality analysis for reliability

improvement in multi-state systems," *Reliability Engineering & System Safety*, vol.92, no.12, pp.1608−1619, December 2007.

[246] C.-C.Jane, J.-S.Lin, and J.Yuan, "Reliability evaluation of a limited-flow network in terms of minimal cutsets," *IEEE Transactions on Reliability*, vol. 42, no. 3, pp. 354 − 361, 368, September 1993.

[247] J. Xue and K. Yang, "Dynamic reliability analysis of coherent multistate systems," *IEEE Transactions on Reliability*, vol.44, pp.683−688, December 1995.

[248] K.S. Trivedi, J. K. Muppala, S. P. Woolet, and B. R. Haverkort, "Composite performance and dependability analysis," *Performance Evaluation*, vol.14, pp.197−215, February 1992.

[249] E.Korczak, "New formula for the failure/repair frequency of multi-state monotone systems and its applications," *Control and Cybernetics*, vol.36, no.1, pp.219−239, 2007.

[250] R.Remenyte-Prescott and J. D. Andrews, "Analysis of non-coherent fault trees using ternary decision diagrams," *Proceedings of the Institution of Mechanical Engineers, Part O: Journal of Risk and Reliability*, vol.222, no.2, pp.127−138, 2008.

[251] J.D.Andrews, "A ternary decision diagram method to calculate the component contributions to the failure of systems undergoing phased missions," *Proceedings of the Institution of Mechanical Engineers. Part O: Journal of Risk and Reliability*, vol. 222, no. 2, pp. 173 − 187, 2008.

[252] R.Terruggia and A.Bobbio, "QoS Analysis of Weighted Multi-state Probabilistic Networks via Decision Diagrams," *Computer Safety, Reliability, and Security, Lecture Notes in Computer Science* 6351, pp.41−54, 2010

[253] T.W. Manikas, D. Y. Feinstein, and M. A. Thornton, "Modeling Medical System Threats with Conditional Probabilities Using Multiple-Valued Logic Decision Diagrams", *Proceedings of the IEEE 43rd International Symposium on Multiple-Valued Logic*, pp.244−249, 2012.

内 容 简 介

　　本书是首部关于采用二元决策图及其扩展方法进行可靠性分析的专著,介绍了利用二元决策图及其扩展形式进行不同类型系统可靠性分析的基本概念和算法,提供了多阶段任务系统、多状态系统和不完全故障覆盖系统的分析方法,涵盖了二元决策图及其扩展形式用于系统可靠性分析的最新进展,为研究者进行新的和深入的探索奠定了坚实的理论基础。

　　本书可作为系统可靠性分析的教科书,也适合为从事复杂系统可靠性和安全性的工程师或研究人员提供参考。